春季膳食

《本草·膳——五季调身》第一册

首席专家 刘学文

主编 刘福龙 方振伟

人民铁道出版社

图书在版编目（CIP）数据

春季膳食 / 刘福龙，方振伟主编. --北京：人民体育出版社，2020（2022.4重印）

（本草·膳.五季调身；第一册）

ISBN 978-7-5009-5771-3

Ⅰ.①春… Ⅱ.①刘… ②方… Ⅲ.①保健—食谱 Ⅳ.①TS972.161

中国版本图书馆CIP数据核字（2020）第050574号

*

人民体育出版社出版发行
北京建宏印刷有限公司印刷
新 华 书 店 经 销

*

787×1092 16开本 13.5印张 237千字
2020年11月第1版 2022年4月第2次印刷

*

ISBN 978-7-5009-5771-3
定价：248.00元（全书共五册）

社址：北京市东城区体育馆路8号（天坛公园东门）
电话：67151482（发行部） 邮编：100061
传真：67151483 邮购：67118491
网址：www.sportspublish.cn
（购买本社图书，如遇有缺损页可与邮购部联系）

《本草·膳——五季调身》
编委会名单

首席专家

　　刘学文

专家（以姓氏笔画为序）

马坦康	王兴桂	王立斌	刘国庆	关庆增
汤庆祥	孙明瑜	李永德	李鲁平	杨景泉
宋昌禄	初　杰	张　兰	张克思	陈　颜
郁培丽	施万英	洪　晶	都广礼	盛基山
舒长学				

主编

　　刘福龙　　方振伟

副主编

　　辛喜艳

编委（以姓氏笔画为序）

王　东	王松楠	牛天宇	许光辉	次旺顿珠
杨　阳	张　展	张曙光	赵天奇	赵安东
卓玛群宗	曹　玺	董天娇	薄海媚	

刘学文简介

刘学文，男，1940年出生，主任医师，教授，为国家中医药管理局授予的"国家级名老中医"，辽宁中医药大学硕士研究生导师，北京中医药大学博士生副导师，全国第五批名老中医带徒传承老师，中国中医药学会方剂专业委员会常务理事。发表学术论文20余篇。主编方剂著作7部，协编6部，先后主持、参加多项国家、省、市级课题。

刘学文教授从事临床及教学工作五十余年，先后帮助辽宁中医学院完成本科、成人教育、留学生、研究生、全国方剂师资班等各层次的教学任务，培养的学生遍及海内外。在临床上擅长中药配合同源膳食对消化系统、心血管系统、呼吸系统及妇科等疾病的治疗，其主持及协助研发的肝福冲剂、利肝糖浆、强肾片、精制狗皮膏、益寿降脂灵、小儿胃宝丸、小儿消食片等新药已经生产并投入市场，产生了极大的经济效益和社会效益。

刘学文教授深入研读古籍，擅长以膳食疗病及治未病，逐渐形成"本草·膳"五季调身之法，即随一年五季变化更换食物以调养身体。此中医"据时施膳"原则的具体应用，此外还重因人施膳、因地施膳、因病（证）施膳等。刘学文教授在继承传统的基础上，在理论和实践上进行与当今人健康观、消费观、医疗保健观以及新的医学模式等相吻合的创新，不仅在理论上建立起独立的科学体系，更在实践上加强包括地道原料、烹饪技艺、饮食习惯、创新品种等在内的系统、配套的应用开

《本草·膳——五季调身》首席专家、国家级名老中医刘学文教授为患者诊病，《本草·膳——五季调身》主编方振伟（第四、五批医疗人才"组团式"援藏——那曲市人民医院）跟诊学习。

发研究，使其更具有可操作性，从而产生新的变革、升华和飞跃，以求把本草膳食调理身体之法逐步推广至国内外。

刘学文教授先后被评为辽宁省中医药学会"最受欢迎的老专家"、沈阳市"中医工作先进个人"、沈阳市"市级优秀教师"、辽宁中医药大学"先进教师"，其协编图书《医方发挥》被评为"国家优秀科技图书二等奖""国家级教学成果二等奖""辽宁省教学成果一等奖"。在辽宁中医药大学获得教学成果奖两项、辽宁省教学成果一等奖一项、国家级教学成果二等奖一项。

序 一

　　本书以"药食同源"及"天人感应"为理论基础，察人处"五季"身体机能之不同，通过对食物"五味"的合理搭配，以五季对应五味，令食与药共效，使人与自然相合，五季调身，不拘于食，不忘于时。

　　我国在西周时期（公元前1046—771年）就有负责饮食营养的"食医"。在战国至西汉期间，中医经典《黄帝内经》已认识到从食物中获得营养以维持生命，并强调"五谷为养、五果为助、五畜为益、五菜为充"的平衡膳食理念。唐代名医孙思邈所著的《千金要方》中有食治专篇，论述各种食物的医疗用途，如肝脏治夜盲，赤小豆、谷皮治脚气病等。《淮南子·修务训》载："神农尝百草之滋味，水泉之甘苦，令民知所避就。当此之时，一日而遇七十毒。"由此观之，在神农时代，药与食定义相同，无毒者可就，有毒者当避。盖因药食本为同源之物，人生而能食，故营养学已然诞生，此亦为医学之开端。食者药也，药者食之。及至唐宋，祖国医学高速发展，孙思邈曾言："安身之本，必资于食，不知食疗者，不足以全生。"素有药王之称的孙真人尚未忽视食疗之效，我等后辈岂敢截然分开地看待食药二者？本书之主题，正是继承孙真人之衣钵，结合现代医学及营养学知识，以"药食同源"为理论基础，通过日常生活的饮食搭配，达到防病、保健及长寿的目的。

　　古代医家以药物之五味运用到食物中，认为每种食物也具有"五味"，"五味"指辛、甘、酸、苦、咸。除上五者，亦有涩味和淡味，味道相同的食物有相近或相同的功用，反之亦然。通过食与药合理搭配与摄取，即可身如松柏、经霜弥茂。

时至今日，药膳一词日趋流行，其首载于《后汉书·列女传第七十四》："汉中陈文矩妻者，同郡李法之姊也。及前妻长子兴遇疾困笃。母恻隐自然，亲调药膳，恩情笃密。"因此，所谓"药膳"，即是指既有保健功能又有防治某些疾病功效的药用食品。《素问集注》载："药，谓金、玉、土、石、草、木、菜、果、虫、鱼、鸟、兽之类，皆可以祛邪、养正者也。"祛邪为治病之意，养正则为保健之法。膳者，食也。故"药膳"也可称为"食疗"。

西方在公元前400年才有"生存须摄取食物"的记载。《圣经》描写了用肝汁治疗眼病。医学之父、希腊名医希波克拉底在公元前300多年确信健康只有通过适宜的膳食与卫生才能得到保障，他曾用海藻治疗甲状腺肿，用肝脏治疗夜盲，用宝剑淬火的铁水治疗贫血。古代这些对营养的认识是几千年来从医疗实践中总结出来的经验，尚未与发展中的自然科学联系。直到18世纪文艺复兴产业革命开始后，现代营养学才在化学、生理学、生物化学、微生物学、临床医学、卫生学的基础上形成一个新兴的学科。到20世纪初，生物化学从生理学分出不久，营养研究就成为生化研究的重要部分，现代营养学开始进入活跃的阶段。在现代，医生寻求的是食物的正面作用，强调的是合理食物与营养，即使不能改变病程，患者也要享受食物所能带来的好处，致力于让药物变成食品，将治疗过程的不适感降低到最小。

而今，西方医学发展趋势也更加注重预防、自我保健与环境的协调统一，更加注重系统化治疗和个体化治疗，从以疾病为中心向以病人为中心转变，这与中国传统医学千百年来坚持的"治未病""天人感应"的理念相吻合，与其整体观、辨证施治的本质特征相一致。所谓"天人感应"，是指人与自然万物同类相通、相互感应。人是自然中的一分子，本与天地万物为一体，相互融入生息，只因识神分别之故，渐脱离自然。其思想起源很早，散见于先秦古籍之中。《洪范》说，"肃，时寒若"，"又，时旸若"，认为君主施政态度能影响天气的变化。这是天人感应思想的萌芽。中国的预防医学从中医学提倡的"治未病"

理念中获益良多。在这样的历史文化背景下，将基于知识和演绎的西医与基于经验和推理的中医融合在一起，再加以创造，形成源于中医学和西医学，又不完全属于中医学，也不完全属于西医学，兼取两长，既高于现在的中医，也高于现在的西医，并且吸收和应用中西医的优秀成果再加以创造，而形成的一种新的营养学理论体系，使东西方医学走出瓶颈，充分发挥各自在营养学领域的优势，融合东西方医学，构建中西医结合营养学体系。

近年来，民众对健康的诉求愈发强烈，中医药以其在养生、保健等方面的独特优势，受到国内外越来越多的民众认可。与此同时，党和政府也对中医药的发展高度重视，为了扶持和保证中医药的健康发展，先后颁布了《中医药发展战略规划纲要（2016—2030年）》《中华人民共和国中医药法》《中医药健康服务发展规划（2015—2020年）》《中药材保护和发展规划（2015—2020年）》等五十多项政策性文件，中央财政加大了投入力度，为中医药的发展与提高创造了良好的物质条件。我辈中医人，亦当牢记祖训，愿倾尽毕生所学，为中医药事业之繁荣贡献自己的力量。

本书以卫生部公布的《关于进一步规范保健食品原料管理的通知》为指导，严格按照此通知对药食同源物品、可用于保健食品的物品和保健食品禁用物品做出的规定，旨在通过简单的食疗，以生活中常见的食材作为养生保健切入点，按食物的季节属性对其分类整理，指导读者怎样吃有益、何时吃健康。愿食疗养生不再流于泛泛，真正成为有理可依、有据可循的学科。

刘学文

序 二

改革开放40多年，中国特色社会主义事业取得伟大成就。中国人告别世世代代的穷困生活，迈入吃穿不愁的小康社会。伴随这一伟大历史进程，我国的工业化、城市化水平不断提高，人均收入持续增长，饮食结构发生深刻改变，摄入更多肉食的同时，蛋、奶、蔬菜、水果的消费量也急剧增加。在食物空前丰富的今天，人们却又显得有些茫然：怎么吃，吃什么，吃多少？在信奉"以食为天"的国度，人们刚刚摆脱忍饥挨饿的生活，却又迎来食物丰富带来的烦恼。

有关研究机构调查结果显示，"中国人的腰围增长正在逐步成为世界之最"，膳食营养失衡、微量元素不足、慢性病多发等问题日益显现。2013年到2014年，35岁至46岁死于心脑血管病的人群中，中国占22%，美国占12%。中国每年用于心脑血管疾病的治疗经费达到3000亿元人民币。因疾病导致的生产力丧失，在2005年至2015年间给中国造成5500亿美元的经济损失。80%的学生早餐营养质量较差，青春期贫血的发病率达38%，全国肥胖儿中脂肪肝发生率达40%~50%。显然，吃不好、吃出来的问题，不仅是健康问题，更是经济问题，是社会问题。吃得好、吃得健康、吃得营养、吃得科学，已成为事关新时代健康、和谐社会建设的头等大事。破解当前困局的根本出路在于创新饮食观念、创新饮食产品、创新饮食技艺。

中华传统医药宝库是创新饮食观念、创新饮食产品、创新饮食技艺的不竭之源。我国著名医药学家张仲景、孙思邈、孟诜、陈直、忽思慧、李时珍、王孟英等都曾对药膳有过论述。如孙思

邈在《千金方》一书中专设药膳篇《食治门》，认为："凡欲治疗，先以食疗，既食疗不愈，后乃用药尔。"忽思慧也曾著药膳专著《饮膳正要》，深刻阐述了养生之道，阐述了饮食与保健的辩证关系。陈直曾著老年保健专著《养老奉亲书》，其中有："人若能知其食性，调而用之，则倍胜于药也。缘老人之性，皆厌于药而喜于食，以食治疾胜于用药……贵不伤其脏腑也。"中华药膳文化薪火相传，本书由国家名老中医刘学文教授率团队潜心研究多年，是本草科技相关丛书的重要组成部分，是以《黄帝内经》五季养生智慧为理论基础，结合现代生活节奏加快、气候变化、工作压力加大等特点，以人为本，弘扬"天食人以五气，人食天以五味"的中国传统哲学思想，提出春、夏、长夏、秋、冬五季调身理念，主张全年伴随五季节气变换调整饮食的全新理念。在五季调身饮食理念指导下，《本草·膳——五季调身》挖掘从《黄帝内经》到《本草纲目》渊远流长的药食同源文化宝库，弘扬中华药膳传统经典，创新饮食产品，以155味药食同源及可用于保健品的草药配伍，研制出870个具有调身功能的膳食配方。其中，春148个，夏123个，长夏281个，秋134个，冬184个，将"五谷为养，五果为助，五畜为益，五菜为充，气味合而服之，以补精益气"的中华药膳理性思考，直接转化为日常的煎炒烹炸饮食生活。膳食配方中选用中药数目155味，选用食材数目154味。本书可谓是中华本草文化在当代传承的重要载体，促进本草智慧古为今用，推动现代营养科学嫁接传统文化，为现代家庭提供简便易行的新型食方。本书致力于膳食配方创新，为博大精深的中华药膳走入寻常百姓生活创造现实条件。

伴随中华民族追求美好生活步伐加快、国民健康生活意识增强，越来越多的人非常明确地表达了对于健康管理服务的需求。习近平总书记在党的十九大报告中明确提出实施健康中国战略，国家先后出台了《中国防治慢性病中长期规划（2017—2025年）》《中华人民共和国中医药法》《新一代人工智能发展规划》等多项相关政策法规。2017年中国家庭健康观念发生了可喜变化，健康生活、健康管理、积极预防意识增强。在此背景下，《本草·膳——五季调身》有望成为助推我国民众主体自觉科学饮食、铸就美好生活、提振民族自信心的一个里程碑。同时，为有效应对当前我国面临的食物生产还不能适应营养需求、居民营养不足与营养过剩并存问题，提供可行的解决方案，《本草·膳——五季调身》携手致力于改善民众生活品质的饮食创新科技企业，依托营养科学，弘扬传统本草文化，力求打造"营养一个民族"的中华膳食工程。我们的目的无非是：引领健康养生理念，倡导科学饮食生活，弘扬传统本草文化。

郁培丽

序 三

几千年来，中医药特有的理论与技术在中华民族治病防病上发挥着巨大的作用，与之伴随的中医养生思想也在遍地开花。中医养生继承了"治未病"思想，坚持整体观念，着眼于人与时节气候的协调。在发展过程中，中医养生和中华美食进行了有机的结合，从而形成了膳食养生。在以往的中医膳食养生中往往只有"四季食谱"，而在中医理论中，是以五行学说为基础，对应人体五脏。《黄帝内经》有"肝旺于春""心旺于夏""脾旺于长夏""肺旺于秋""肾旺于冬"之说，又有"藏有五，而时仅四，故以六月为长夏，以配脾"。著名医家张景岳亦云："春应肝而养生，夏应心而养长，长夏应脾而变化，秋应肺而养收，冬应肾而养藏。"故可知，正确的"天人合一"顺时养生，应依照"五季"而调养身体。

《黄帝内经》云，"圣人不治已病治未病"，"药疗不如食疗，救治于后，不若摄养于先"。在中医养生中以"治未病"为思想，未病先防，并且推崇食物补养身体。"谷肉果菜，食养尽之，无使过之，伤其正也"，正确食用谷物果蔬可以补充机体营养，扶助正气，防病治病，对食疗的作用进行了高度肯定。《寿亲养老新书》言："主身者神，养气者精，益精者气，资气者食。食者生民之大，活人之本也。"也提出饮食是人体精气神的物质基础。《金匮要略》曰："所食之味，有与病相宜，有与身为害，若得宜则补体，害则成疾。"在治病防病中，各种食物均有属性，食材养生须以营养性能为前提。本书详细地介绍了食材的性味归经、营养成分、功效、食用忌宜、特色食用配伍及烹饪方法，不同人群可以按需选取食材来调整人体的阴阳偏胜，以达到"有病治病，无病健身"的目的。根据时令不同，人们的保健目的不同，需要防治的疾病也不同，中医膳食养生强调人与大自然的统一，"故智者之养生也，必顺四时而适寒暑……如是，则僻邪不至，长生久视"。此"四时"应理解为"五季"——春、夏、长夏、秋、冬，并对应人体五脏——肝、心、脾、肺、肾，即膳食养生应因时而养。本书以特色鲜明的"五季"划分选取食材，以"五季"为时间轴，按季节变化，顺从自然，调整饮食，使食材的选取与季节相统一。

全书在中医"治未病"理念下，以"五季"为纲要，结合中医药文化和中华饮食文化，介绍食物营养、性味功效及特色食用方法等，在保证菜肴营养均衡基础上，突出食物养生功效。重点在于，以"食"之味，采"药"之性，得养生之效。若能顺应自然，寓医于食，调整脏腑，扶正祛邪，则可变"苦口良药"为"佳肴美馔"。

张克思

序 四

　　自古以来，吃是人生的第一大事，食材的种类、性质等不同决定了食材的不同功效。故而可认为食材是健康的基础，良好的食材可以起到调整人体机能的作用。有句话常说"药疗不如食疗""药补不如食补"，与其生病后应用药物治疗，不如直接通过饮食来调理，毕竟"是药三分毒"。与此同时，长期的饮食习惯决定着机体的状态，随着季节的改变，每个季节其相应食材的性质和功效也有所不同，进而对人体有着不同影响。

　　很多人都觉得在春季自身容易情绪激动，高血压病人的血压在春季也不容易控制，这与是否服用药物及服用剂量关系不大，而是由于春季肝气升发太过所致。此时，在食物里加入平抑肝阳的食药材，就会起到良好的稳定情绪的作用。

　　我们身边常有苦夏的朋友，每当夏季来临，食不下咽，对任何食物都没有兴致，以致日渐消瘦。若是在饮食物中加入清热泻火的食药材，这种症状就会得到明显缓解。

　　现在"瘦"是人们追求的主流，同样通过节食的方式减肥，有的人瘦了，而有的人反而更胖，这是因为节食损伤了脾胃，进而痰湿内蕴，聚为膏脂，形成肥胖。长夏季的湿气重，也易导致痰湿困脾，故在长夏季节，宜多食含有健脾利湿的食材。

　　秋天干燥，很多人开始咳嗽、咽喉不适、皮肤干燥，在秋季的日常饮食中，食用润燥生津的食材，可通过饮食物逐步润肺止咳、润肤止痒。

　　在冬季很多女性及老年人手脚冰凉，穿了厚厚的棉袄还是感觉冰冷，天气寒冷是外在因素，体内阳气不足才是引起寒冷的重要内因。若冬季多食含有补阳益气的食材，会极大地提升人体机能，温煦机体。

人的身心活动随着季节的更迭而不断变化，"顺应自然，天人合一"成了调整身体阴阳的最好方式。《黄帝内经》中将四时对应五季，即"春、夏、长夏、秋、冬"，并指出顺应五季才是平衡人体阴阳的关键。"民以食为天"，顺应五季调整饮食，是广大人民群众所能掌握的并可调整身体状态以达到人体阴阳平衡的重要基础。那么，五季分别适合食用什么样的食材呢？

授人以鱼，不如授人以渔。本书从中医五季的角度全新诠释药物与食材的关系，应用150多味中药配伍各种食材构成870多个食疗方，具体阐述了怎样吃才是顺应自然，怎样吃才能改善体质和健康状况。本书内容丰富，通俗易懂，是药膳食疗不可缺少的指导用书。

王立斌

导　言

　　本书把草药与膳食结合起来，意在创造一种"本草·膳"文化。简单地说，就是将通常苦涩的药品变成可口的食物，使人们在享受美食的同时达到祛病强身的目的。

　　本书又把药食与季节结合起来，强调随季节变化更换食物以调身。古老的中医学根据五行学说，对应食品之五味和人体之五脏，将自然界的季节也划分为五季，即将我国大部区域之漫长的夏季拆分为夏和长夏两季。其理论认为，春季重在助人体之生，夏季重在助人体之长，长夏重在助人体之化，秋季重在助人体之收，冬季重在助人体之藏。

　　本书依据中医学调身理论，在以国家级名老中医刘学文教授为首的《本草·膳——五季调身》专家委员会的鼎力帮助下，历时八年，以150多种可用于保健的草药与大众食材配伍，或研制或收录了870多个饮食品种，力求为广大现代家庭提供既丰富多彩又养生健体的新型膳食。

为方便阅读，本书依季节分为五册，分别为《春季膳食》《夏季膳食》《长夏膳食》《秋季膳食》和《冬季膳食》。第一册首设"序"，第五册末设"跋"，不重复列。各册正文始均有"开篇"，各册正文末均有"结语"，以突出各册之重点。

为方便检索，在各册末均安排了该册的"食材索引"和"膳食辅助性治疗索引"。在此有必要说明，尽管书中列出的食疗方多源于中医师的长年经验，且均符合《卫生部关于进一步规范保健食品原料管理的通知》要求，但仍应因人、因时、因病而异，故只能作为参考。

主编者

于2019年10月

目　录

开篇　春食以生　　　　　　　　　　　　　1

菊花　　　　　　　　　　　　　　　　　2

菊花配银耳　　清肺泄热，滋阴生津　　　　3
菊花配鸡胗　　疏肝和胃，清热消食　　　　4
菊花配粳米　　柔肝养血，疏肝和胃　　　　5
菊花配小白菜　疏散风热，清热解毒　　　　5
菊花配绿茶　　祛风止眩，提神醒脑　　　　6
菊花配莲藕　　疏风散热，化痰祛瘀　　　　7
菊花配鸡肉　　养肝明目，益精填髓　　　　8
菊花配白酒　　解毒消痈，活血止痛　　　　9

薄荷　　　　　　　　　　　　　　　　　10

薄荷配冰糖　　疏散风热，清利咽喉　　　　11
薄荷配绿茶　　疏散风热，清利头目　　　　12
薄荷配小白菜　疏散风热，清热解毒　　　　13

升麻　　　　　　　　　　　　　　14

升麻配猪大肠　补虚润燥，润肠通便　　15
升麻配羊肉　温肾助阳，固精缩尿　　16
升麻配牛肉　补脾益胃，益气升阳　　17
升麻配猪肚　补益脾胃，升举清气　　18
升麻配鸡蛋　补中益气，升举脾阳　　19

决明子　　　　　　　　　　　　20

决明子配鸡肝　养肝明目，健脾和胃　　21
决明子配羊肝　养肝明目，润肠通便　　22
决明子配西瓜翠衣　清泄风热，养肝明目　　23
决明子配茄子　清肝降逆，明目润肠　　23
决明子配粳米　清泄肝火，和胃润肠　　25
决明子配韭菜　清肝明目，润肠通便　　25
决明子配芹菜　清肝明目，疏肝活血　　26
决明子配黄豆　清肝润肺，润肠通便　　28
决明子配绿茶　清肝明目，补肾益肝　　29

野菊花　　　　　　　　　　　　30

野菊花配绿茶　清肝泻火，养阴明目　　31
野菊花配胡萝卜　清肝明目，泄热通便　　32
野菊花配猪肝　滋补肝肾，清热明目　　33

芦荟　　　　　　　　　　　　　　　　　　　　　34

　　芦荟配苹果　生津解暑，疏散风热　　　　　35
　　芦荟配绿茶　化瘀祛斑，润肠通便　　　　　36
　　芦荟配小白菜　美容养颜，平肝降压　　　　36
　　芦荟配猪脊骨　通便养颜，强筋壮骨　　　　37

木瓜　　　　　　　　　　　　　　　　　　　　38

　　木瓜配猪脊骨　补肝益肾，健筋强骨　　　　39
　　木瓜配花生　补血养心，化湿和胃　　　　　40
　　木瓜配粳米　化湿和胃，柔筋止痛　　　　　41
　　木瓜配牛奶　和胃除湿，美容养颜　　　　　42

桑枝　　　　　　　　　　　　　　　　　　　　43

　　桑枝配鸡肉　通利关节，强腰止痛　　　　　44

小茴香　　　　　　　　　　　　　　　　　　　45

　　小茴香配粳米　行气止痛，温中开胃　　　　46
　　小茴香配鸡肉　益气通阳，散寒止痛　　　　47
　　小茴香配白芝麻　温补脾肾，行气导滞　　　48

吴茱萸　　　　　　　　　　　　　　　　49

吴茱萸配芹菜　温脾暖胃，疏肝止痛　　50
吴茱萸配鲫鱼　温通肝阳，温脾补虚　　51
吴茱萸配猪肉　温中健脾，散寒止痛　　52
吴茱萸配粳米　补脾暖胃，和中止痛　　53

陈皮　　　　　　　　　　　　　　　　54

陈皮配鸡肉　健脾消食，温中补虚　　55
陈皮配羊肉　温中补阳，散寒止痛　　56
陈皮配猪肉　理气和胃，燥湿化痰　　56
陈皮配鸭肉　健脾养心，益气养血　　57
陈皮配羊尾骨　温补下焦，散寒止痛　　58
陈皮配白萝卜　健脾行气，消食止痛　　60
陈皮配鲫鱼　温阳健脾，消食利水　　61
陈皮配咖啡　健脾益气，燥湿化痰　　62

青皮　　　　　　　　　　　　　　　　63

青皮配绿茶　理气和胃，通络止痛　　64
青皮配粳米　疏肝理气，活血止痛　　65
青皮配黑豆　调和气血，美容养颜　　65
青皮配黄酒　利水消肿，活血化瘀　　66

枳实　　　　　　　　　　　　　　　　　　　　67

枳实配白萝卜　润肠通便，行气止痛　　68
枳实配粳米　行气散结，消痞除满　　　69
枳实配牛肚　补气健脾，消痞除满　　　69
枳实配猪肉　益气健脾，消食和胃　　　70

香橼　　　　　　　　　　　　　　　　　　　　71

香橼配白糖　化湿健脾，消滞开胃　　　72
香橼配粳米　舒肝理气，消食和胃　　　72
香橼配丝瓜　舒肝通络，柔筋止痛　　　73

玫瑰花　　　　　　　　　　　　　　　　　　　74

玫瑰花配羊心　益气养血，宁心安神　　75
玫瑰花配绿茶　调血养心，行气止痛　　76
玫瑰花配鸡蛋　养肝健脾，美容护肤　　76
玫瑰花配红糖　运化脾胃，疏肝行气　　77
玫瑰花配燕窝　疏肝解郁，调理月经　　78

香附	79
香附配鸡蛋　疏肝理气，健脾和胃	80
香附配猪肉　疏肝理气，补虚强身	81
香附配猪皮　活血化瘀，祛斑美容	81
香附配猴头菇　理气解郁，温中和胃	82
香附配猪肝　理气解郁，调理气血	83
香附配羊肉　疏肝理气，散结开郁	84
佛手	85
佛手配白糖　舒肝理气，和胃止痛	86
佛手配豆芽　调和肝脾，理气止痛	86
佛手配金针菇　疏肝理气，润肠通便	87
佛手配猪脊骨　理气止痛，强筋壮骨	88
佛手配土豆　疏肝解郁，健脾开胃	89
大蓟	90
大蓟配白糖　清热凉血，固崩止血	91
茜草	92
茜草配猪蹄　滋阴养血，活血化瘀	93
茜草配白酒　活血化瘀，通络止痛	94
茜草配花生　滋阴清热，补血祛瘀	94
茜草配绿茶　活血化瘀，清热利湿	95

蒲黄　　　　　　　　　　　　　　　　　　　　96

　　蒲黄配茭白　清胃润肺，清热解毒　　　97
　　蒲黄配大白菜　滋阴清热，活血化瘀　　98

三七　　　　　　　　　　　　　　　　　　　　99

　　三七配鸡蛋　止血化瘀，补益气血　　　100
　　三七配猪心　止血化瘀，消肿止痛　　　100
　　三七配鸡肉　益气健脾，活血止痛　　　101
　　三七配北虫草　益气养心，活血通络　　103
　　三七配鹿肉　健脾温肾，益气温阳　　　104

川芎　　　　　　　　　　　　　　　　　　　　105

　　川芎配胖头鱼　活血通络，散风止痛　　106
　　川芎配白酒　活血行气，通络止痛　　　107
　　川芎配绿茶　活血行气，祛风止痛　　　108

姜黄　　　　　　　　　　　　　　　　　　　　109

　　姜黄配猪肉　滋阴养血，通经止痛　　　110
　　姜黄配牛肉　益气养血，通络止痛　　　110
　　姜黄配粳米　补中益胃，行气止痛　　　111

红花　　　　　　　　　　　　　　　　　112

　　红花配玉米面　益气活血，醒脾养心　　113
　　红花配红糖　　活血调经，通络止痛　　114
　　红花配白酒　　祛瘀散寒，通经止痛　　115
　　红花配牛肉　　活血润燥，祛瘀通经　　116

泽兰　　　　　　　　　　　　　　　　　117

　　泽兰配粳米　　活血祛瘀，调经行血　　118
　　泽兰配绿茶　　活血祛瘀，健脾理气　　118
　　泽兰配黑鱼　　散瘀消肿，通经活络　　119

槐花　　　　　　　　　　　　　　　　　120

　　槐花配粳米　　清泄火热，凉血止血　　121
　　槐花配豆芽　　清泄火热，化痰除湿　　121
　　槐花配豆腐　　凉血止血，化浊降脂　　122

骨碎补　　　　　　　　　　　　　　　　123

　　骨碎补配猪肾　　补益脾肾，温阳助泻　　124
　　骨碎补配猪脊骨　补肾强骨，疗伤止痛　　125

罗布麻 126

- 罗布麻配白糖　清热平肝，利水消肿　127
- 罗布麻配茭白　清热平肝，育阴利水　128
- 罗布麻配鸡肉　补虚强心，平肝降压　129

石决明 130

- 石决明配鸡蛋　清热平肝，镇静安神　131
- 石决明配粳米　滋阴潜阳，重镇安神　131
- 石决明配猪脑　滋阴清热，平肝潜阳　132

珍珠 133

- 珍珠配蜂蜜　滑肠通便，润肤美颜　134
- 珍珠配冰糖　除烦止渴，润肤美容　134
- 珍珠配红糖　补气养血，美容养颜　135

天麻 136

- 天麻配猪脑　平肝潜阳，祛风止痛　137
- 天麻配鲤鱼　平肝宁神，利水消肿　138
- 天麻配三文鱼　补肾填髓，祛风定眩　139
- 天麻配胖头鱼头　平肝抑阳，祛风止痛　141

白芍　　　142

白芍配乌骨鸡　养阴补血，益气健脾　　143
白芍配木耳　　养阴润燥，滋阴固肾　　143
白芍配鱿鱼　　益气养血，柔肝止痛　　145
白芍配羊骨　　益气养血，养心健脾　　146

龟甲　　　147

龟甲配核桃　　补肾填髓，滋阴补阳　　148
龟甲配乌骨鸡　补肾填髓，益气养阴　　149
龟甲配猪肉　　滋阴清热，补益肾气　　150

蒺藜　　　151

蒺藜配猪肉　健脾益肾，平抑肝阳　　152
蒺藜配白酒　明目止痒，平肝潜阳　　153

乌梅　　　154

乌梅配西瓜翠衣　清热泻火，生津止渴　　155
乌梅配粳米　　涩肠止泻，生津止渴　　156
乌梅配绿茶　　养阴清热，行气和胃　　157
乌梅配面粉　　养阴清热，和胃止痛　　158
乌梅配豌豆　　清热解暑，除烦通便　　159

| 结语 | 160 |

| 食材索引 | 161 |

| 膳食辅助性治疗索引 | 163 |

开篇

春食以生

经云："春三月，此谓发陈，天地俱生，万物以荣。""肝主春，足厥阴少阳主治，其日甲乙，肝苦急，急食甘以缓之。"春为五季之首，阳气上升，万物生荣，肝气随春气升发而通畅条达。肝属木，在色为青，在味为酸，在气为风，属东方，肝气升发太过则伤及脾土。故春季养生以培育阳气、护肝养脾为主，加以疏肝气、清肝热，以顺应春气升发和肝气畅达之性，更兼固护脾胃之功。

本册涉及菊花、薄荷等药食同源类或可应用于保健食品类的中药35种，以期指导读者通过合理的膳食搭配而达到春季护肝养脾，培育阳气及防治本季常见病的目的。

菊花

【来源】菊科多年生草本植物菊干燥的头状花序。

【性味归经】辛、甘、苦,微寒。归肺、肝经。

【功效与主治】疏风清热,平肝明目,解毒消肿。适用于外感风热所致的发热头痛、目赤肿痛、头眩目晕、心胸烦热等症状,以及肝肾阴亏、血不养睛所致的眼花目暗和火热毒邪所致的疔疮肿毒等症状。现代医学研究表明,菊花对高血压及冠心病有一定疗效。

【药理成分】含有挥发油、氨基酸、黄酮类、菊苷、维生素A及维生素B_1等。挥发油中主要含龙脑、樟脑、菊油环酮等。

【附注】疏散风热宜选用黄菊花,清肝明目宜选用白菊花。

菊花配银耳　清肺泄热，滋阴生津

菊花银耳汤

【食药材】菊花10克，银耳25克，鸡汤900克，黄酒10克，香菜末2克，葱花2克，盐等调味品适量。

【膳食制法】

1. 将菊花清水洗净，用纱布包好，备用。
2. 将银耳温水泡开，去根蒂，清水洗净，放入开水中氽透，备用。
3. 将鸡汤放入砂锅内，加入黄酒、银耳，烧开后撇去汤上浮沫，武火烧开5分钟。
4. 将菊花加入砂锅，再煮15分钟，去纱布包，加入盐、葱花、香菜末调味，即可食用。

【功效与主治】清肺泄热，滋阴生津。适用于眩晕、头痛、肺痨（肺结核）、咳嗽等疾病。对外感风热或肺热偏盛所致的咳嗽咽痛、口燥咽痒、痰黄黏稠、口渴喜冷饮等症状，以及肺阴亏虚所致的肺燥干咳、咳痰带血和肝火上炎所致的头晕目眩、口苦咽干、双目干涩等症状有一定疗效。现代医学研究表明，本方对动脉硬化及高血压等疾病有一定防治作用。

【膳食服法】餐时服用。

【医学分析】膳食中菊花味甘苦性凉，入肺肝经，甘凉益阴，既能疏风清热，又可以明目解毒。对于外感风热、肝阳眩晕皆有一定功效。鸡汤大补元气。银耳滋阴润燥。黄酒可引诸物入肺、肝二经。四味相配共奏清肺益肾、滋阴生津之效。故食用本品对阴虚肺燥所导致的肺痨、咳嗽、眩晕、头痛等疾病有一定疗效。

【附注】鼻流清涕者不宜食用。

菊花配鸡胗　疏肝和胃，清热消食

【食材介绍——鸡胗】

鸡胗，为雉科动物家鸡的胃脏。鸡胗含有蛋白质、脂肪、胆固醇、维生素A、烟酸、维生素E、磷、钾、铁、硒等多种成分。中医认为，鸡胗味甘，性平，归脾、胃、小肠、膀胱经，具有健胃消食、涩精止遗的功效。现代医学研究表明，鸡胗富含铁元素，食用鸡胗能达到补铁的功效，防治缺铁性贫血。鸡胗中有胃激素和角蛋白氨基酸等物质，可以增强肠胃的消化功能，并能加快蠕动以通便，对食欲不振者有较好的食疗效果。鸡胗中含有的鸡内金有助于治疗小便不利、遗精遗尿、胆结石等疾病。一般人均可食用鸡胗，尤其适宜于缺铁性贫血、食欲不振、小便不适、遗精遗尿、胆结石等人群。

菊花鸡胗

【食药材】菊花10克，鸡胗500克，黄酒5克，淀粉5克，葱15克，姜15克，白糖、生抽、盐、油等调味品适量。

【膳食制法】

1. 将菊花用温水泡开，去蒂，用纱布包好，加水适量，武火烧开，文火煎煮20分钟，去渣浓缩取汁，备用。葱、姜洗净切片，备用。
2. 将鸡胗洗净，切成两瓣，在切面上成交叉花刀，收入大碗，加入生抽、葱、姜片腌制10分钟，捞出备用。
3. 将盐、白糖、淀粉、黄酒、生抽制成料汁，备用。
4. 将油用炒锅加热至七成热，加葱煸香，鸡胗翻炒，加入药汁，炒至鸡胗熟。
5. 加入兑好的料汁，翻炒均匀，即可食用。

【功效与主治】疏肝和胃，清热消食。适用于眩晕、头痛、胃痛、肥胖等疾病。对肝火上炎所致的头晕目眩、口干口苦、心烦易怒和肝胃不和所致的脘腹胀痛、恶心呕吐、暖气呃逆、吞酸嘈杂等症状，以及饮食积滞所致的腹胀疼痛、不思饮食、反胃恶心、身体困重、大便酸臭等症状有一定疗效。久服本

方，对身体肥胖有一定防治作用。

【膳食服法】餐时服用。

菊花配粳米　柔肝养血，疏肝和胃

菊花粳米粥

【食药材】菊花10克，粳米100克，冰糖粉适量。

【膳食制法】

1. 将菊花用温水泡开，去蒂，用纱布包好，加水适量，武火烧开，文火煎煮20分钟，去渣浓缩取汁，备用。

2. 将粳米洗净，入砂锅，加药汁及清水适量，武火烧开，文火煮至粥熟，加入冰糖，搅拌均匀，即可食用。

【功效与主治】柔肝养血，疏肝和胃。适用于头痛、眩晕、感冒等疾病。对肝胆火盛所致的头痛头晕、目赤肿痛、迎风流泪、口干口苦等症状以及风热感冒所致的咳嗽咽痛、鼻流黄涕等症状有一定疗效。

【膳食服法】餐时服用。

【附注】平素大便稀溏者不宜久食。

菊花配小白菜　疏散风热，清热解毒

菊花板蓝根小白菜饮

【食药材】菊花10克，板蓝根3克，小白菜50克，绿豆5克，冰糖5克。

【膳食制法】

1. 将板蓝根、菊花洗净，并用纱布袋包好，备用。绿豆洗净，备用。小白菜洗净，切断。

2. 将绿豆放入砂锅，加清水适量，煮开，放入药包。

3. 武火烧开，文火煎煮15分钟，加入小白菜，再煮5分钟，捞出药包，去药包取汁。

4. 将冰糖放入砂锅，搅拌均匀，即可饮用。

【功效与主治】疏散风热，清热解毒。适用于头痛、眩晕、感冒等疾病。对外感风热所致的目赤红肿、咳嗽咽痛、咽部干痒、发热头痛、鼻流黄涕等症状，以及肝火上炎所致的头晕头痛、目眩口苦、胸胁胀满、乳房胀痛、善出长气、心烦易怒等症状有一定疗效。现代医学研究表明，本方对流行性感冒、流行性腮腺炎、扁桃体炎等疾病有一定防治作用。

【医学分析】膳食中菊花其性轻清凉散，能甘凉益阴，苦可泄热，尤为善解头目风热，且可平肝息风，主治外感风热及肝阳上亢诸证。板蓝根为十字花科植物菘蓝的干燥根，其味苦性寒，功效为清热解毒凉血，常用于治疗瘟疫热病、头瘟及喉烂。菊花板蓝味甜可口，二者配伍使用，使疏风散热、清热解毒的作用加强。配合小白菜、绿豆清解热邪，通利大便。四味相配共奏疏散风热、清热解毒之效。故服用本品对风热毒壅滞所导致的感冒、头痛、眩晕等疾病有一定疗效。

【附注】风寒感冒、鼻流清涕者慎用。

菊花配绿茶　祛风止眩，提神醒脑

菊花绿茶

【食药材】菊花、绿茶末各3克。

【膳食制法】

1. 将两末洗净后，用煮沸滚开的水冲泡。

2. 5分钟后，即可饮用。

【功效与主治】祛风止眩，提神醒脑。适用眩晕等疾病。对肝火上炎所致的头晕不舒、口苦咽干、双目干涩、心烦易怒等症状有一定疗效。

【膳食服法】代茶饮。

二花绿茶饮

【食药材】菊花10克，银花3克，桑叶3克，山楂3克，绿茶6克。

【膳食制法】

1. 将以上菊花、银花、桑叶洗净，山楂洗净、去核，放入保温杯中。
2. 再加入绿茶，用沸水冲泡。10分钟后，即可饮用。

【功效与主治】平肝潜阳，明目降压。适用于眩晕、头痛、感冒等疾病。对肝火上炎所致的头晕目赤、头痛如裂、失眠口干、咽喉肿痛、心烦易怒、乳房胀痛、两胁胀满等症状及外感风热所致的咽喉肿痛、鼻流黄涕等症状有一定疗效。现代医学研究表明，本方对高血压、血脂异常症、动脉硬化等疾病有一定防治作用。

【膳食服法】代茶饮。

菊花配莲藕　疏风散热，化痰祛瘀

菊楂决明莲藕茶

【食药材】菊花10克，生山楂3克，炒决明子3克，莲藕50克，方糖10克。

【膳食制法】

1. 将莲藕洗净、切丝，入锅煮30分钟，去渣取汁，备用。
2. 将菊花、生山楂、炒决明子洗净，并用纱布袋包好，放入砂锅中，加入藕汁，放入适量水。
3. 武火烧开，文火煎煮30分钟，捞出药包，加入方糖，即可饮用。

【功效与主治】疏风散热，化痰祛瘀。适用于头痛、眩晕、便秘、感冒等疾病。对肝火上炎所致的目赤红肿、口渴咽干、耳鸣耳聋、头晕头痛、心烦易怒、乳房胀痛、两胁胀痛或伴有渴喜冷饮等症状，以及肝肾阴虚所致的眼目昏花、视物模湖、肠燥便秘等症状有一定疗效。现代医学研究表明，本方对高血压病及血脂异常症、动脉硬化等疾病有一定防治作用。

【膳食服法】代茶饮。

【医学分析】膳食中菊花具有疏风散热、平肝明目的功效。山楂具有消食活血的功能。决明子为豆科植物草决明的成熟种子，具有清肝益肾、降压通便的功效。鲜藕可通利大便、疏散肺热。四者配伍使用，以水代茶，适于日常饮用。五味相配共奏疏风散热、化痰祛瘀之功效。故服用本品对邪热壅滞所致的头痛、眩晕、感冒、便秘等疾病有一定疗效。

【附注】大便溏薄者慎用。

菊花配鸡肉　养肝明目，益精填髓

菊花鸡片

【食药材】仔鸡肉750克，菊花15克，鸡蛋3个，淀粉5克，姜末6克，葱花6克，植物油100克，料酒10克，芝麻油20克，食盐2克，胡椒粉3克，白糖10克。

【膳食制法】

1. 将鸡肉洗净，切厚片。菊花用温开水泡开，洗净去蒂，滤干水分，备用。

2. 取蛋清、食盐、料酒、胡椒粉、淀粉将鸡片调拌均匀，备用。

3. 将食盐、白糖、胡椒粉、芝麻油兑成料汁，备用。

4. 将炒锅置旺火上，倒入植物油，油烧五成热时，放鸡片滑散，捞出滤油。

5. 锅留少量余油，下葱花和姜末炒香，倒入鸡片，加料酒稍焖。

6. 再把兑好的汁搅匀倒入锅内，翻炒后把菊花投入锅内，炒拌均匀，出锅装盘，即可食用。

【功效与主治】养肝明目，益精填髓。适用于虚劳、眩晕、痴呆等疾病。对肝肾亏虚所致的双目干涩、心烦易怒、腰膝酸软、倦怠乏力、少气懒言、体质虚弱、记忆力减退等症状，以及肝火上炎所致的头晕目赤、耳鸣耳聋、口干口苦、乳房胀痛、两胁胀满等症状有一定疗效。

【膳食服法】餐时服用。

菊花配白酒　解毒消痈，活血止痛

菊花白酒

【食药材】鲜菊花100克，白酒500克。

【膳食制法】

1. 将鲜菊花洗净，控干水气，放入净器。
2. 净器倒入白酒，密封7日，每日摇晃1次，即可饮用。

【功效与主治】解毒消痈，活血止痛。适用于皮肤疖、疔、疮等疾病。对火毒内盛所致的皮肤疖、疔、疮、红肿热痛和大便干结等症状有一定疗效。

【膳食服法】适量饮用。

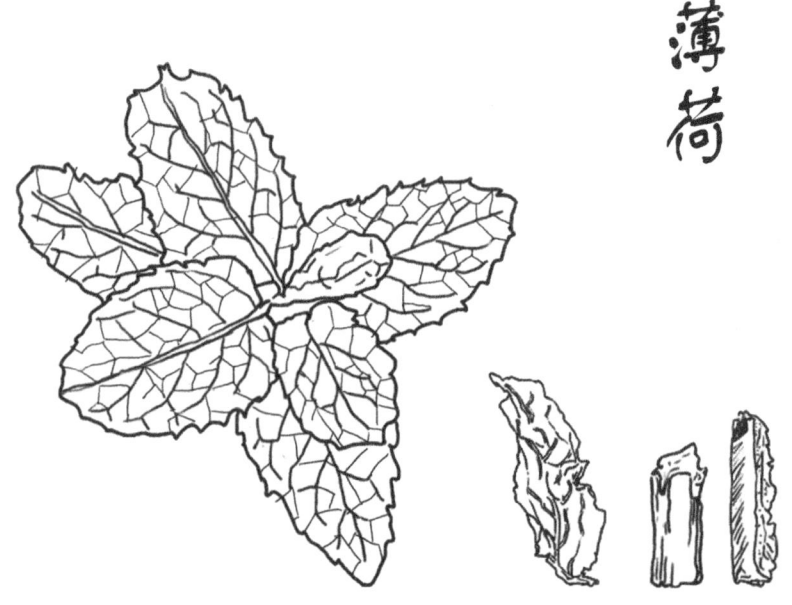

薄荷

【来源】唇形科植物薄荷的全草或者叶。

【性味归经】辛,凉。归肺、肝经。

【功效与主治】疏散风热,清利头目,利咽辟秽,解毒透疹,疏肝解郁。适用于风热表证所致的头痛目赤、咽喉肿痛等症状,以及肝气郁滞所致的两胁胀痛、口苦咽干和麻疹不透、隐疹瘙痒等症状。

【药理成分】含有挥发油,挥发油主要成分为薄荷酮、异薄荷醇、薄荷脑、异薄荷酮等。

【附注】体虚多汗者不宜单独使用。

薄荷配冰糖　疏散风热，清利咽喉

【食材介绍——冰糖】

冰糖，即白砂糖结晶后的再制品，色白或微黄，结晶如冰状，故名冰糖。冰糖含有碳水化合物、钙、镁、锌、钠、钾、铁、核黄素、胡萝卜素等多种成分。中医认为，冰糖味甘，性平，归肺、脾经，具有补中益气、健脾和胃、润肺止咳、清痰去火的功效。据现代医学研究，冰糖的主要成分是碳水化合物，能够为人体生命活动提供充足的能量，比如维持心脏收缩和神经传导功能的正常运转。适当地食用冰糖，有助于促进人体对钙质的吸收。冰糖还能够促进组织细胞的生长，进而有利于伤口愈合。一般人均可食用冰糖，尤其适宜于身体虚弱、体力劳动者和咳嗽、食欲不振、口疮牙痛等人群。患有糖尿病、高血压、动脉硬化、冠心病等疾病人群不宜单独食用。

薄荷糖

【食药材】薄荷50克，冰糖500克，熟菜油适量。

【膳食制法】

1. 将冰糖打成细粉，放入锅内，加清水适量，文火炼至黏稠。
2. 将薄荷洗净并打成粉末，加入融化的冰糖中，搅拌均匀。
3. 炼至不黏手时，倒入涂有熟菜油的瓷盘内，放至冷却，刀切成小块，即可食用。

【功效与主治】疏散风热，清利咽喉。适用于感冒、咳嗽、肺痨等疾病。对外感风热所致的咳嗽鼻塞、头昏头痛、目赤多眵、声音嘶哑、咽喉疼痛等症状，以及肺阴不足所致的咳嗽咽痒、手足心热等症状有一定疗效。

【膳食服法】随时服用。

【附注】糖尿病患者慎服。

薄荷粳米粥

【食药材】鲜薄荷30克,粳米100克,冰糖5克。

【膳食制法】

1. 将薄荷叶洗净,并用纱布袋包好,煎汤10分钟,捞出药包,去渣取汁,备用。
2. 将粳米洗净,放入砂锅,武火烧开,文火熬制。
3. 待粥将熟时,加入薄荷汁及冰糖,煮至粥熟,即可食用。

【功效与主治】疏散风热,利咽止痛。适用于咳嗽、感冒、头痛等疾病。对外感风热所致的咽部疼痛、咳嗽咽干、鼻流浊涕、鼻塞不适、头痛目赤、失音咽哑、头痛欲裂等症状有一定疗效。

【膳食服法】餐时服用。

【医学分析】膳食中薄荷味辛、性凉。功效为疏肝明目,疏散风热之邪,祛咽喉疼痛。主治目赤疼痛。服用薄荷粥,能够清心怡神、增进食欲、解暑散热。粳米辅助消化且安中护胃。冰糖滋阴润燥而补虚。三味相配共奏疏散风热、利咽止痛之效。故服用本品对外感风热所致的感冒、头痛、咳嗽等疾病有一定疗效。现代医学研究表明,薄荷中含有薄荷油、薄荷脑,具有杀菌和使知觉麻痹的功效。少量内服有兴奋的作用,能使皮肤和毛细血管扩张,促进汗腺分泌,降低体温,从而起到发汗解热的作用。

薄荷配绿茶　疏散风热,清利头目

桑菊薄荷绿茶

【食药材】薄荷5克,菊花3克,金银花3克,绿茶5克。

【膳食制法】

1. 将薄荷、菊花、金银花洗净并用纱布袋包好,放入保温杯中加开水先焖10分钟。

2. 将绿茶放入保温杯，5分钟后即可饮用。

【功效与主治】疏散风热，清利头目。适用于感冒、咳嗽、喘证等疾病。对肺脏郁热所致的咽喉肿痛、咳嗽咽干、呼吸不畅等症状以及外感风热所致的咳嗽鼻塞、头痛目赤、鼻流浊涕、声音嘶哑等症状有一定疗效。

【膳食服法】代茶饮。

【医学分析】膳食中菊花、金银花、薄荷、绿茶疏散风热，清利头目，配伍后可疏散外感之风热。金银花清热解毒，配伍其余药食可缓解咽部疼痛症状。四味相配共奏疏散风热、清利头目之效。故服用本品对肺脏郁热所致的感冒、咳嗽、喘证等疾病有一定疗效。

薄荷配小白菜　疏散风热，清热解毒

银翘大青小白菜汤

【食药材】薄荷5克，大青叶3克，金银花3克，连翘3克，小白菜250克，盐等调味品适量。

【膳食制法】

1. 将薄荷、大青叶、金银花、连翘洗净并用纱布袋包好，放入砂锅，加水适量，武火烧开，文火煎煮20分钟后，捞出药包，去渣取汁，备用。

2. 将小白菜洗净，切段，备用。

3. 将药汁倒入砂锅，加清水适量，武火烧开，加入小白菜，至开锅后5分钟，加盐调味，即可食用。

【功效与主治】疏散风热，清热解毒。适用于感冒、咳嗽、肺痈初期等疾病。对外感风热所致的发热恶风、头昏口渴、咽喉疼痛、咳嗽有痰、鼻塞耳痒等症状有一定疗效。现代医学研究表明，本方对流行性感冒等疾病有一定防治作用。

【膳食服法】餐时服用。

升麻

【来源】毛茛科植物三叶升麻、兴安岭升麻或升麻的干燥根茎。

【性味归经】辛、微甘，微寒。归肺、脾、胃、大肠经。

【功效与主治】解表清热，透疹解毒，升举阳气。适用于胃火炽盛所致的牙龈肿痛和风火疫毒上攻所致的头面红肿、咽喉肿痛，以及中气不足、气虚下陷所致的腹部坠胀、久泻脱肛、子宫下垂、脏器脱垂等症状。现代医学研究表明，其主要有抗炎镇痛、抗菌解热、抗惊厥、升高白细胞、抑制血小板聚集以及释放等作用。

【药理成分】含有升麻碱、水杨酸、咖啡酸、阿魏酸、鞣质等。

【附注】阴虚火旺者不宜单独食用。

升麻配猪大肠　补虚润燥，润肠通便

【食材介绍——猪大肠】

猪大肠，又名肥肠，为猪科动物猪的大肠，是一种常见肉食品。猪大肠含有脂类、蛋白质、维生素A、维生素E、钠、钾、钙、磷等多种成分。中医认为，猪大肠味甘，性寒，归大肠经，具有润肠治燥、补虚强身、止渴止血的功效。现代医学研究表明，猪大肠含有的脂类和蛋白质，有助于快速补充人体所需能量和恢复体力。一般人均可食用猪大肠，尤其适宜于久病体虚、年老体弱、体力劳动者、便血、便秘等人群。脾虚滑泻者不宜单独食用。

升麻芝麻炖大肠

【食药材】升麻15克，黑芝麻100克，猪大肠段30厘米，盐、糖、生抽、葱、姜、黄酒等调味品适量。

【膳食制法】

1. 将升麻、黑芝麻洗净后，纱布包好，装入洗净的猪大肠内，葱切断、姜切片备用。

2. 将猪大肠两头扎紧，放入砂锅中，加入盐、糖、生抽、葱、姜、黄酒，放入清水适量。

3. 武火烧开，文火煮至大肠熟透，去大肠内纱布包，即可食用。

【功效与主治】补虚润燥，润肠通便。适用于便秘、虚劳、脱肛等疾病。对肠道津亏所致的大便干结、排出困难、时有腹痛等症状，以及脾虚下陷所致的周身乏力、营养不良、肛门脱垂、倦怠乏力、少气懒言等症状有一定疗效。

【膳食服法】餐时服用。

升麻配羊肉　温肾助阳，固精缩尿

升麻羊肉煲

【食药材】升麻6克，炙黄芪5克，白芍5克，党参5克，补骨脂3克，益智仁3克，北五味子3克，肉桂3克，羊肉500克，姜、葱、料酒、盐、糖等调味品适量。

【膳食制法】

1. 将升麻、炙黄芪、白芍、党参、补骨脂、益智仁、北五味子、肉桂洗净并用纱布袋包好。羊肉洗净切块。

2. 将砂锅中加入适量清水、姜、葱、料酒，药包与羊肉同煮，武火烧开，文火慢炖至羊肉将熟烂。

3. 去除药包，加入适量食盐、糖等调味，文火煮至羊肉熟烂，即可食用。

【功效与主治】温肾助阳，固精缩尿。适用于阳痿、遗精、遗尿、带下过多、内伤发热、虚劳、腰痛等疾病。对肾阳虚衰、下元不固所致的阳痿遗精等性生活障碍、尿频尿急、小便过多、妇女带下过多、腰膝酸软、周身乏力、畏寒肢冷等症状，以及脾失健运、升举功能失常所致的气虚发热、倦怠乏力、少气懒言等症状有一定疗效。

【膳食服法】餐时服用。

升麻配牛肉 补脾益胃，益气升阳

【食材介绍——牛肉】

牛肉，为牛科动物牛的肉，常见肉食品之一。牛肉含有蛋白质、脂肪、碳水化合物、B族维生素、铁、锌等多种成分。中医认为，牛肉味甘，性温，归脾经、胃经，具有补中益气、补精填髓、强身健骨的功效。现代医学研究表明，牛肉中含有的蛋白质比猪肉质量更佳，其氨基酸成分更加符合人体所需，更有利于机体生长发育、病后产后的调养恢复。牛肉中有较高含量的锌，锌有助于合成蛋白质，多食牛肉能促进肌肉生长，并能增强机体抗氧化能力，对防衰、防癌具有积极意义。一般人均可食用牛肉，尤其适宜于久病体虚、纵欲过度、容易劳累等人群。高胆固醇、疮疥、湿疹等人群不宜单独食用。

升麻牛肉汤

【食药材】升麻6克，当归3克，党参3克，陈皮3克，鸡骨架1具，牛肉1000克，葱节20克，姜块15克，黄酒20克，葱花6克，鲜汤适量，食盐、糖、胡椒粉等调味品适量。

【膳食制法】

1. 将升麻、当归、党参、陈皮洗净并装入纱布袋中，牛肉、鸡骨架洗净切块，姜、葱洗净切片，备用。

2. 将砂锅置武火上，倒入鲜汤，再放入鸡骨架、牛肉块、把中药纱布包烧开，撇去血沫后，加姜、葱、黄酒。

3. 武火烧开，文火炖至牛肉熟透，拣去中药纱布包、姜、葱、鸡骨架，最后加入食盐、糖、胡椒粉、葱花调味，即可食用。

【功效与主治】补脾益胃，益气升阳。适用于胃痛、泄泻、痞满、呕吐、脱肛、头痛、内伤发热等疾病。对脾胃亏虚、中气下陷所致的脱肛或肛门下坠感、泻痢不止、胃部不适、消化不良、周身乏力、少气懒言、头晕头痛、劳累后发热或伴有心悸失眠等症状有一定疗效。

【膳食服法】餐时服用。

【附注】咳嗽咽痛者慎服。

升麻配猪肚　补益脾胃，升举清气

【食材介绍——猪肚】

猪肚，为猪科动物猪的胃，是常见的肉食品。猪肚含有蛋白质、胆固醇、维生素A、维生素C、钠、钾、磷、硒等多种成分。中医认为，猪肚味甘，性温，归脾经、胃经，具有健脾养胃、益气养血、强筋健骨的功效。现代医学研究表明，猪肚富含蛋白质、矿物质及多种维生素等物质，可以有效补充人体膳食营养，促进人体生长发育。一般人均可食用猪肚。尤其适宜于久病体虚、食欲不振、腰酸腿软等人群。动脉硬化、血脂异常症者不宜单独食用。

五香肚卷

【食药材】升麻5克，砂仁3克，炒枳壳5克，猪肚1副，胡椒粉3克，五香粉20克，蒜米6克，姜米6克，食盐5克，醪糟汁20克。

【膳食制法】

1. 将升麻、砂仁、炒枳壳洗净、烘干并研制成中药混合粉，备用。
2. 将猪肚翻出洗干净，用刀剖开，切成大方片。
3. 将盐、中药混合粉、五香粉、胡椒粉、姜米、蒜米、醪糟汁等调拌均匀，再抹于猪肚片之上，从内向外裹紧成卷，用麻绳均匀地捆扎好。
4. 入笼蒸熟，凉后切成圆片，即可食用。

【功效与主治】补益脾胃，升举清气。适用于脱肛、胃下垂、子宫脱垂、胃痛、泄泻、痞满、眩晕等疾病。对脾不升清、中气下陷所致的脱肛或肛门下坠感、胃下垂、子宫脱垂、泻痢不止、胃部不适、脘腹胀满、消化不良、倦怠乏力、少气懒言、时有头晕等症状有一定疗效。

【膳食服法】餐时服用。

升麻配鸡蛋 补中益气,升举脾阳

补中益气糕

【食药材】升麻10克,炙黄芪5克,白术5克,红枣10克,陈皮5克,鸡蛋10个,白糖100克,小苏打、面粉适量。

【膳食制法】

1. 将升麻、黄芪、白术、红枣、陈皮去净灰渣,经过加工后,烘干研成细末。

2. 将鸡蛋打入盆内,再用打蛋器顺时针打成泡,加入白糖后继续打泡,使蛋浆与白糖充分混合,加入面粉、中药末和小苏打,继续打泡至均匀。

3. 将蒸笼内垫一层细草纸,将蛋浆倒入擀平,盖上锅盖。

4. 用武火蒸蛋糕至熟,取出翻于案板上,用刀划成适当正方形方块,即可食用。

【功效与主治】补中益气,升举脾阳。适用于脱肛、胃下垂、子宫脱垂、胃痛、泄泻、痞满、内伤发热等疾病。对脾之阳气不升、中气下陷所致的脱肛或肛门下垂症状、胃下垂、子宫脱垂、泻下不止、胃脘胀闷、腹胀不适、倦怠乏力、气短懒言、劳累后发热等症状有一定疗效。

【膳食服法】餐时服用。

决明子

【来源】豆科植物决明的成熟种子。

【性味归经】甘、苦、咸，微寒。归肝、大肠经。

【功效与主治】清肝明目，润肠通便。适用于肝经郁热所致的口苦目赤、头痛头晕、风眼赤泪以及肠燥便秘等症状。现代医学研究表明，决明子对高血压病以及血脂异常症有一定疗效。

【药理成分】含有大黄酮、决明素、大黄素、橙黄决明素等。

【附注】脾胃虚寒、大便溏泄者不宜多食。

决明子配鸡肝　养肝明目，健脾和胃

决明子鸡肝

【食药材】决明子10克，鲜鸡肝250克，黄瓜10克，胡萝卜10克，白糖3克，黄酒5克，香油3克，淀粉5克，鲜汤30毫升，盐、菜油、葱、姜、蒜末等调味品适量。

【膳食制法】

1. 将炒决明子洗净焙干后，打成细粉。将鸡肝洗净切片，收入碗内，加入食盐、香油，腌制3分钟，加入干淀粉拌匀。

2. 将黄瓜和胡萝卜洗净，切成薄片，备用。

3. 将炒勺加入菜油，烧至7成热时，将肝片下油炸，再起勺倒入漏勺，控油。

4. 原油勺放置火上，加葱、姜、黄酒、白糖、食盐、决明子粉，再用鲜汤勾成芡汁。

5. 倒入鸡肝，翻炒均匀，最后加蒜末、香油，出勺入盘，即可食用。

【功效与主治】养肝明目，健脾和胃。适合于夜盲、白内障、便秘等疾病。对肝肾阴虚所致的目翳夜盲、目赤肿痛、眼睛干涩、腰膝酸软、五心烦热等症状，以及肠燥津亏所致的大便干结、口中异味等症状有一定疗效。

【膳食服法】餐时服用。

决明子配羊肝　养肝明目，润肠通便

【食材介绍——羊肝】

羊肝，为牛科动物山羊或绵羊的肝脏。羊肝含有丰富的蛋白质、脂肪、铁、维生素A、维生素B、钙、磷等多种成分。中医认为，羊肝味甘、苦，性凉，归肝经，具有养肝明目、养血补虚的功效。现代医学研究表明，羊肝中含丰富的铁元素，贫血者适量进食，可改善贫血表现，使皮肤恢复红润状态；羊肝中富含维生素B_2，维生素B_2组成人体代谢所需酶和辅酶的重要原料，其能加速机体的新陈代谢；羊肝中还含有丰富的维生素A，能够治疗多种眼病，如防治夜盲和视力减退等。一般人均可食用羊肝，尤其适宜于患有夜盲症、视力减退、用眼过度、贫血等人群。血脂异常患者不宜单独食用。

决明子羊肝

【食药材】 决明子粉10克，鲜羊肝250克，海米3克，青椒10克，黄酒10克，淀粉10克，葱、姜、蒜末、香油、食盐、白糖、菜油等调味品适量。

【膳食制法】

1. 将羊肝切成桃形的片，收入碗内后，加淀粉搅匀，备用。将海米用开水泡发，青椒洗净切片。
2. 将决明粉和海米放入碗中，加入白糖、黄酒、食盐、淀粉兑成料汁。
3. 将炒勺放火上，勺内加入适量菜油，烧至六成热时，把羊肝下油滑开，起勺倒入漏勺控油。
4. 在炒勺内留少量底油，下葱、姜末煸炒。
5. 加入海米、青椒片、料汁和滑好的羊肝翻炒，淋入香油、蒜末，即可食用。

【功效与主治】 养肝明目，润肠通便。适用于夜盲、白内障、便秘、头痛等疾病。对肝血亏虚所致的头晕头痛、目翳夜盲、目赤肿痛、眼睛干涩、夜间易醒等症状，以及肠道津亏所致的大便干结、胃部胀痛、口中异味、腹部胀满等症状有一定疗效。

【膳食服法】 餐时服用。

决明子配西瓜翠衣　清泄风热，养肝明目

决明翠衣饮

【食药材】西瓜皮50克，决明子10克，冰糖10克。

【膳食制法】

1. 将西瓜皮洗净、切片，决明子洗净、研碎并用纱布包好。
2. 砂锅内加满清水，加入西瓜皮、药包，武火烧开，文火煎煮30分钟，去渣取汁，备用。
3. 药汁放入冰糖熬化，即可饮用。

【功效与主治】清泄风热，养肝明目。适用于中暑、感冒、咳嗽、便秘等疾病。对外感热邪之气阴两伤所致心胸烦闷、口苦尿黄、口舌生疮、心慌自汗、风热头痛、咽喉干痒、目赤肿痛、迎风流泪、热结便燥等症状有一定疗效。

【膳食服法】餐时服用。

决明子配茄子　清肝降逆，明目润肠

【食材介绍——茄子】

茄子，为茄科茄的果实，为数不多的紫色蔬菜之一。茄子含有蛋白质、脂肪、碳水化合物、维生素E、维生素P、钙、磷、铁等多种成分。中医认为，茄子味甘，性凉，归脾、胃、大肠经，具有清热消肿、凉血散瘀的功效。现代医学研究表明，茄子富含维生素P，维生素P有利于人体细胞间黏着力的增加，降低微细血管脆性程度，进而减少小血管出血的几率。茄子中的皂草甙可以改善血液流动状态，防止血栓形成，并能降低胆固醇。维生素E有防止出血和抗衰老的功效。故茄子中的皂草甙、维生素E与维生素P共同作用，可改善微血管的弹性，有利于心血管病的防治，可改善血液中胆固醇水平，延缓人体衰老。另外，茄子中含有龙葵碱，能抑制消化系统肿瘤细胞的增殖，对胃肠道肿瘤具有较好的抑制作用。一般人均可食用茄子，尤其适宜于心血管疾病及口疮肿痛、肌肤疔疮、皮肤瘙痒人群。消化不良者不宜单独食用。

决明烧茄子

【食药材】决明子10克，茄子400克，食用油、葱、姜、蒜、白糖、淀粉、盐等调味品适量。

【膳食制法】

1. 将决明子捣碎并用纱布袋包好，放入砂锅内，加水适量，武火烧开，文火煎煮30分钟，去渣取汁，备用。

2. 将茄子洗净，切成厚片。

3. 将锅置于火上，加食用油，待油七成热，下入茄子，用文火炸至茄子熟透，两面焦黄时捞出，控油。

4. 将葱、姜、蒜切成末，加入白糖、盐、水、淀粉和药汁兑成芡汁，备用。

5. 锅置火上，放入少量油，待油七成热时，放入葱末爆香，放入炸好的茄子，倒入芡汁翻炒至汁稠，淋上明油，即可食用。

【功效与主治】清肝降逆，明目润肠。适用于头痛、眩晕、便秘等疾病。对肝肾阴虚所致的头晕耳鸣、心烦失眠、头目胀痛、急躁易怒、目赤肿痛、眼睛干涩、健忘多梦、面红目赤、头重足轻、腰膝酸软等症状，以及肠道津亏所致的大便干结、口中异味等症状有一定疗效。现代医学研究表明，本方对高血压、血脂异常症等疾病有一定防治作用。

【膳食服法】餐时服用。

决明子配粳米　清泄肝火，和胃润肠

决明子粳米粥

【食药材】决明子10克，粳米100克，冰糖适量。

【膳食制法】

1. 将决明子捣碎并用纱布袋包好，放入砂锅内，加水适量，武火烧开，文火煎煮30分钟，去渣取汁，备用。

2. 将粳米淘洗干净，放入砂锅，再注入药汁，武火烧开，文火熬煮至粥稠，调入冰糖搅匀，即可食用。

【功效与主治】清泄肝火，和胃润肠。适用于夜盲、便秘、头痛等疾病。对肝火上炎所致的面红目赤、眼干头痛、目眩耳鸣、口苦咽干、大便秘结、急躁易怒、两胁胀痛等症状，以及肝胃不和所致的大便干结、时有反酸等症状有一定疗效。现代医学研究表明，本方对高血压、血脂异常症及动脉硬化等疾病有一定防治作用。

【膳食服法】餐时服用。

决明子配韭菜　清肝明目，润肠通便

【食材介绍——韭菜】

韭菜，又名壮阳草，为百合科植物韭的茎叶，多年生宿根蔬菜。韭菜含有维生素C、维生素B、胡萝卜素、碳水化合物、纤维素等多种成分。韭菜味辛，性温，归肝、胃、肾经，具有补肾温阳、散瘀行滞、行气理血、润肠通便的功效。现代医学研究表明，韭菜富含纤维素，其含量远高于大葱和芹菜，纤维素可以促进肠道蠕动，并能防治大肠癌。纤维素还能减少人体对胆固醇的吸收，对于防治动脉硬化、冠心病等疾病具有积极意义。一般人均可食用韭菜，尤其适宜于便秘、阳痿、早泄、肢冷畏寒、瘀血肿痛等人群。热性病症的人不宜单独食用。

决明韭菜粥

【食药材】炒决明子10克，菊花5克，韭菜50克，粳米100克，白糖15克。

【膳食制法】

1. 将炒决明子洗净与菊花用纱布包好，放入砂锅内，加水适量，武火烧开，文火煎煮30分钟，去渣取汁，备用。
2. 将韭菜洗净，切末备用。
3. 将粳米淘洗干净，放入砂锅，再注入药汁，武火烧开，文火熬煮至粥稠，调入韭菜末及冰糖搅匀，即可食用。

【功效与主治】清肝明目，润肠通便。适用于便秘、头痛、眩晕等疾病。对肝火上炎所致的头晕头痛、目赤肿痛、眼睛干涩、视物模糊、耳鸣耳聋等症状，以及肠道津亏热结所致的大便干结、胃部胀满、口中异味、脘腹胀气等症状有一定疗效。

【膳食服法】餐时服用。

【附注】大便时有溏泻者慎食。

决明子配芹菜　清肝明目，疏肝活血

决明子玫瑰西芹饮

【食药材】决明子10克，玫瑰花5克，西芹50克。

【膳食制法】

1. 将决明子捣碎并用纱布袋包好，放入砂锅内，加水适量，武火烧开，文火煎煮30分钟，去渣取汁，备用。
2. 将西芹放入榨汁机，加少许清水榨好，去渣备用。
3. 将西芹汁同药汁放入砂锅，加清水适量，加入玫瑰花，武火烧开，文火煎煮5分钟，即可饮用。

【功效与主治】清肝明目，疏肝活血。适用于便秘、头痛、眩晕、郁证等疾病。对肝气郁滞、肝火上炎所致的头晕头痛、目赤肿痛、眼睛干涩、视物模糊、怕光多泪、耳鸣耳聋、心烦易怒、两胁胀满、大便干结等症状有一定疗效。现代医学研究表明，本方对便秘及高血压、血脂异常症等疾病有一定防治作用。

【膳食服法】代茶饮。

【医学分析】膳食中决明子苦寒入肝以泻火，甘咸入肠以润燥，功擅明目，为眼科常用之品。但凡目疾之证，不论肝火上炎，或是风热外犯，或是肝肾不足，均可应用。此外，因其含有蒽醌类物质，故有缓泻作用。玫瑰花、西芹能清肝火、降血压，对于高血压病中属于肝阳上亢证型者有较好效果。二物相配共奏清肝明目、疏肝活血之效。故服用本品对肝经热盛所致的便秘、头痛、眩晕、郁证等疾病有一定疗效。现代医学研究表明，本饮制成后，因其色、香、味颇似咖啡，有人称为"土咖啡"，若长期饮用，对血清胆固醇过高有一定的预防作用。

【附注】大便溏泻者不宜久食。

决明子蜂蜜西芹饮

【食药材】炒决明子10克，蜂蜜20克，西芹50克。

【膳食制法】

1. 将决明子捣碎并用纱布袋包好，放入砂锅内，加水适量，武火烧开，文火煎煮30分钟，去渣取汁，备用。

2. 将西芹放入榨汁机，加少许清水榨好，去渣备用。

3. 将西芹汁同药汁放入砂锅，加清水适量，武火烧开，文火加入蜂蜜煮沸，即可饮用。

【功效与主治】柔肝明目，润肠通便。适用于习惯性便秘及咳嗽。对肠燥便秘兼肝火上炎所致的大便干结、目赤肿痛、头痛头晕、胃部胀满等症状，以及肺热郁滞所致的咽干咽痒、咳嗽少痰等症状有一定疗效。

【膳食服法】代茶饮。

【医学分析】膳食中蜂蜜，除了含有葡萄糖、果糖、麦芽糖、蔗糖外，还含有多种维生素、蛋白质、氨基酸、胆碱及多种必需的矿物质、微量元素等。其功善润肠通便、润肺止咳、滋养补中，对肠燥便秘，单用亦可有明显作用。决明子能够上清肝火以明目，下润大肠以通便，对于肠燥便秘而兼肝火者，尤为适宜。西芹可通利大便，三味相配共奏柔肝明目、润肠通便之效。故服用本品对燥热所伤导致的咳嗽、便秘等疾病有一定疗效。本品无任何毒副反应，且药味适口，适宜于长期服用。

【附注】大便溏泄者不宜久食。

决明桃仁茶

【食药材】炒决明子10克，桃仁3克，西芹50克，冰糖适量。

【膳食制法】

1. 将决明子、桃仁捣碎并用纱布袋包好，放入砂锅内，加水适量，武火烧开，文火煎煮30分钟，去渣取汁，备用。
2. 将西芹放入榨汁机，加少许清水榨好，去渣备用。
3. 将西芹汁同药汁放入砂锅，加清水适量，武火烧开，文火加入冰糖煮沸，即可饮用。

【功效与主治】柔肝明目，润肠通便，破血逐瘀。适用于习惯性便秘及肺热咳嗽、中风（脑梗死）。对肠燥便秘兼肝火上炎之大便干结不出、目赤肿痛、头痛头晕、胃部胀满等症状，以及肺热郁滞所致的咽干咽痒、咳嗽少痰和中风所致的便秘尿赤、口干咽燥等症状有一定疗效。

【膳食服法】代茶饮。

【附注】脑出血急性期患者不宜食用。

决明子配黄豆　清肝润肺，润肠通便

本草保健调和油

【食药材】大豆油50克，紫苏子油10克，决明子油10克，黄瓜籽油5克。

【膳食制法】

1. 将大豆、紫苏子、决明子和黄瓜籽洗净、烘干。
2. 采用冷榨法先分别榨油，再将冷榨得到的4种原料油经色谱分析其脂肪酸组成，在调配罐中混合均匀，然后过滤除杂质，最后脱气得到。

3. 在炒菜、炖汤、拌料等情况下，加入调和油，待菜品或饮品熟时，即可食用。

【功效与主治】美容养颜，清肝明目，润肠通便。适用于眩晕、便秘、耳聋等疾病。对肝肾不足所致的头晕耳鸣、视物昏花、腰膝酸软、小便清长、听力减退等症状，以及津亏肠燥所致的大便秘结、排便困难或排便周期延长等症状有一定疗效。现代医学研究表明，本方对高血压、血脂异常症、冠状动脉粥样硬化等病症有一定防治作用。久服本方，有一定美容养颜作用。

【膳食服法】烹调时用。

决明子配绿茶　清肝明目，补肾益肝

明目木质茶罐泡绿茶

【食药材】木质茶罐（可容水100毫升），肉苁蓉15克，菟丝子15克，地骨皮15克，生地黄15克，牡丹皮15克，石斛10克，炒决明子15克，绿茶5克。

【膳食制法】

1. 按照上述比例将所有原料（除绿茶）洗净，同煮3小时，冷却2小时，重复9次。

2. 把木罐取出，晾干，放入绿茶，倒入开水冲泡5分钟，晾至适合温度，即可饮用。

【功效与主治】清肝明目，补肾益肝。适用于夜盲症、近视等疾病。对肝肾不足所致的目内干涩、羞光畏明、头晕眼花、视物不清、腰膝酸软、耳鸣齿松等症状有一定疗效。现代医学研究表明，本方对结膜炎、角膜炎、视力低下、近视等疾病有一定防治作用。

【膳食服法】代茶饮。

野菊花

【来源】菊科植物野菊干燥的头状花序。

【性味归经】苦、辛,微凉。归肝、心经。

【功效与主治】清热解毒。适用于热毒蕴结所致的痈、疽、疔、疖、咽喉肿痛、丹毒、疮疡、目赤肿痛等症状,以及肝火上炎所致的头痛眩晕等症状。此外,将本品内服或煎汤外洗也用于治疗湿疹、湿疮、风疹痒痛等。

【药理成分】含有野菊花刺槐素、苦味素、野菊花内脂、挥发油、维生素A及维生素B_1等。

【附注】脾胃虚寒者不宜单独食用。

野菊花配绿茶　清肝泻火，养阴明目

野菊花山楂茶

【食药材】野菊花6克，生山楂5克，绿茶5克。

【膳食制法】

1. 将野菊花、生山楂片放入保温杯内，加入沸水冲泡20分钟。
2. 加入绿茶再泡5分钟，即可饮用。

【功效与主治】清热解毒，健脾消食。适用于痈、疽、疔、疖、咳嗽、痰饮、喘证、肥胖等疾病。对热毒郁滞所致的皮肤红肿、发热疼痛和肺热炽盛所致的咳嗽痰多、口干咽燥、发热口渴等症状，以及胃火炽盛所致的身体困重、多饮多食等症状有一定疗效。现代医学研究表明，本方对高血压、冠心病、血脂异常症和肥胖等疾病有一定防治作用。

【膳食服法】代茶饮

野菊枸杞决明茶

【食药材】野菊花10克，枸杞子5克，炒决明子5克，绿茶15克，柠檬15克。

【膳食制法】

1. 将野菊花、枸杞子、决明子放入保温杯内，加入沸水冲泡20分钟。
2. 加入绿茶及柠檬汁再泡5分钟，即可饮用。

【功效与主治】清肝泻火，养阴明目。适用于头痛、眩晕、便秘等疾病。对肝肾亏虚、肝阳上亢所致的头晕目眩、头重脚轻、面部烘热、烦躁易怒、腰膝酸软等症状，以及津亏肠燥所引致的大便干结、胃脘胀满症状有一定疗效。现代医学研究表明，本方对高血压、血脂异常症、冠心病等病症有一定防治作用。

【膳食服法】代茶饮。

野菊花配胡萝卜 清肝明目,泄热通便

【食材介绍——胡萝卜】

胡萝卜,又称红萝卜或甘荀,为伞形科胡萝卜的根。胡萝卜含有糖类、脂肪、挥发油、胡萝卜素、维生素B_1、维生素B_2、花青素、槲皮素、山奈酚、钙、铁等多种成分。中医认为,胡萝卜味甘,性平,归肝、脾、肺经,具有养肝明目、清热解毒、健脾和中的功效。现代医学研究表明,胡萝卜中的维生素B_2和叶酸有抗肿瘤的功效;胡萝卜含有大量胡萝卜素,在人体内会转化为维生素A,有补肝明目的功效,有助于防治夜盲症,维生素A还能增强人体的免疫能力,有助于生长发育;胡萝卜富含植物纤维,有极强的吸水性,在肠道中吸水膨胀,可以增强肠道的蠕动能力,利于通便与防治肠癌;胡萝卜所含的槲皮素、山奈酚能降血脂、降血压,还有强心功效,有助于防治高血压、冠心病。一般人均可食用胡萝卜,尤其适宜于癌症、高血压、冠心病、血脂异常症、夜盲症、干眼症、营养不良等人群。

野菊花萝卜汤

【食药材】 野菊花6克,胡萝卜100克,葱花5克,香油5克,食盐、清汤适量。

【膳食制法】

1. 将野菊花洗净,纱布包好,放入砂锅,加清水适量,武火烧开,文火煎煮20分钟,去渣,取汁,备用。

2. 将胡萝卜洗净切片,放入砂锅,倒入药汁及清汤适量,煮胡萝卜片至熟。

3. 撒上葱花、放入食盐调味,淋上香油,即可食用。

【功效与主治】 清肝明目,泄热通便。适用于夜盲、便秘等疾病。对肝经火热所致的双目干涩、视物不清、迎风流泪、大便干结、口干口苦、两胁胀痛、心烦易怒、乳房胀痛等症状有一定疗效。

【膳食服法】 餐时服用。

野菊花配猪肝　滋补肝肾，清热明目

野菊花枸杞猪肝汤

【食药材】野菊花6克，鲜猪肝400克，枸杞子5克，油、食盐、葱花等调味品适量。

【膳食制法】

1. 将野菊花洗净，纱布包好，放入砂锅，加清水适量，武火烧开，文火煎煮20分钟，去渣，取汁，备用。

2. 将鲜猪肝洗净切片，再放入热油锅内略煸。

3. 将枸杞洗净放入砂锅，加入药汁及清水适量，武火烧开，加入猪肝，煎煮15分钟，加入食盐、葱花调味，即可食用。

【功效与主治】滋补肝肾，清热明目。适用于夜盲、白内障、耳鸣、耳聋等疾病。对肝肾阴虚所致的双目干涩、视物不清、迎风流泪、腰膝酸软、倦怠乏力、听力减退等症状有一定疗效。

【膳食服法】餐时服用。

芦荟

【来源】百合科植物库拉索芦荟及好望角芦荟的枝叶经浓缩后的干燥物。

【性味归经】苦，寒。归肝、胃、大肠经。

【功效与主治】泻下通便，清肝杀虫。适用于肠燥津亏所致的便秘腹痛、干结不行、口渴口苦和痰热阻窍所致的惊痫抽搐、口中如有猪羊叫等症状，以及脾胃虚弱所致的虫积腹痛、面黄肌瘦、毛发焦枯等症状。此外，芦荟还对白癣、赤疮等症有一定疗效。现代医学研究表明，芦荟对胃炎、胃溃疡、十二指肠溃疡等病症有一定的预防作用。

【药理成分】含有芦荟大黄素苷、芦荟苦素、对香豆酸、氨基酸、葡萄糖等。

【附注】脾胃虚弱者不宜单独食用。

芦荟配苹果　生津解暑，疏散风热

芦荟苹果汁

【食药材】新鲜芦荟叶5克，苹果1个，蜂蜜1匙，柠檬半个。

【膳食制法】

1. 将新鲜芦荟叶洗净、去刺，并浸泡15分钟后，与洗净的苹果及凉白开水适量，一同放入榨汁机榨汁，去渣取汁。

2. 再加入蜂蜜及柠檬汁，搅拌均匀，即可饮用。

【功效与主治】生津解暑，疏散风热。适用于中暑等疾病。对气阴两伤所致的口干欲饮、周身乏力、恶心呕吐、胃纳不佳或壮热多汗、口渴引饮、面赤气粗、大便燥结、小便短赤等症状有一定疗效。

【膳食服法】代茶饮。

芦荟奶昔

【食药材】鲜芦荟5克，苹果半个，酸奶500毫升。

【膳食制法】

1. 将芦荟冲洗净，削去周边的小刺，切小块，并浸泡15分钟。苹果去皮，切小块。

2. 将切好的芦荟块、苹果块与酸奶一起倒入榨汁机，搅拌均匀，即可饮用。

【功效与主治】润肠通便，美容养颜。适用于便秘、雀斑等疾病。对津亏肠燥、肺脏热盛所致的大便干结、难以解出等症状，以及津液亏少所致的皮肤干燥、暗淡无光、皮肤起斑等症状有一定疗效。

【膳食服法】代茶饮。

芦荟配绿茶　化瘀祛斑，润肠通便

芦荟瑰蜜绿茶

【食药材】鲜芦荟6克，玫瑰花1朵，蜂蜜1匙，绿茶3克。

【膳食制法】

1. 将芦荟冲洗净，削去周边的小刺，切块，并浸泡15分钟。
2. 捞取芦荟粒放在杯底，再加蜂蜜。
3. 沸水泡绿茶，添入玫瑰花浸泡5分钟成茶，即可饮用。

【功效与主治】化瘀祛斑，润肠通便。适用于皮肤疔疖、青春痘、便秘、雀斑等疾病。对大肠津亏热结、肺脏郁热所致的大便干结等症状，以及肝气郁滞、气滞血瘀所致的皮肤干燥、暗无光泽、皮肤起斑等症状有一定疗效。

【膳食服法】代茶饮。

芦荟配小白菜　美容养颜，平肝降压

芦荟白菜卷

【食药材】鲜芦荟6克，鲜小白菜15克，淀粉10克，白糖等调味品适量。

【膳食制法】

1. 将芦荟冲洗净，削去周边的小刺，切块，并浸泡15分钟后，与小白菜共打成蓉。
2. 将蓉加淀粉、白糖和水调匀成糊状。
3. 将上述调匀的糊状物放在盘中，入蒸箱蒸10分钟，取出切条。
4. 将条晾凉后，卷入锡纸中，再入蒸箱蒸3分钟，即可食用。

【功效与主治】美容养颜,平肝降压。适用于郁证、便秘、肥胖、雀斑等疾病。对大肠津亏热结所致的大便干结、口中异味、身体困重等症状,以及肝气郁滞、瘀血内停所致的皮肤干燥少津、暗无光泽、皮肤色斑等症状有一定疗效。

【膳食服法】餐时服用。

芦荟配猪脊骨　通便养颜,强筋壮骨

芦荟猪骨青苹果汤

【食药材】新鲜芦荟6克,猪脊骨400克,青苹果1个,食盐等调味品适量。

【膳食制法】

1. 将芦荟冲洗净,削去周边小刺,切块,并浸泡15分钟。猪脊骨洗净剁块。青苹果洗净切块。

2. 全部材料放入砂锅中,武火烧开,文火炖至肉熟,加食盐调味,即可食用。

【功效与主治】通便养颜,强筋壮骨。适用于郁证、便秘、雀斑、痹病(缓解期)等疾病。对大肠津亏热结所致的大便干结、口中异味、胃部胀满、腹部不适和肝气郁滞、瘀血内停所致的皮肤干燥少津、暗淡无光、皮肤色斑等症状,以及肝血不足所致的面色无华、倦怠无力等症状有一定疗效。

【膳食服法】餐时服用。

木瓜

【来源】蔷薇科植物贴梗海棠的成熟果实。

【性味归经】酸，温。归肝、脾经。

【功效与主治】舒筋活络，和胃化湿。主治腹痛、水肿、痢疾等疾病。适用于湿邪阻滞所致的吐泻腹痛、吐泻骤作、呕吐酸腐、烦躁不安、口渴欲饮和肝气不舒所致的四肢筋脉转筋、疼痛等症状，以及脾虚水泛所致的全身水肿、按之没指、小便短少、身体困重、胸闷、腹胀纳呆等症状。

【药理成分】含有齐墩果酸、皂甙、维生素C、苹果酸、酒石酸、枸橼酸等。

【附注】内有郁热、小便短赤者不宜单独食用。

木瓜配猪脊骨 补肝益肾，健筋强骨

【食材介绍——猪脊骨】

猪脊骨，为猪科动物猪的脊椎部的骨头，含有大量骨髓。猪脊骨含有磷酸钙、骨胶原、骨黏蛋白、氨基酸等多种成分。中医认为，猪骨味甘，性温，归肾经，具有滋阴补肾、益精填髓的功效。现代医学研究表明，猪脊骨中丰富的骨胶原能增强骨髓的造血功能，促进骨骼的生长发育；猪脊骨中的磷酸钙、骨胶原及骨黏蛋白等营养物质是补充人体钙质的良好食材，儿童、青少年及老年人十分适合常食猪脊骨以补钙。一般人均可食用猪脊骨，尤其适宜于儿童、青少年、骨质疏松的老人及耳鸣耳聋、遗精遗尿、阳痿早泄等人群食用。肥胖、血脂异常症者不宜单独食用。

木瓜五加皮猪脊骨汤

【食药材】鲜木瓜30克，五加皮5克，牛膝5克，猪脊骨200克，姜丝、葱段、料酒、盐等调味品适量。

【膳食制法】

1. 将鲜木瓜削皮，去籽，切大块。五加皮、牛膝洗净，用纱布包好，备用。
2. 砂锅中加清水适量，武火烧开，放入洗净的姜丝、葱段、料酒，再放入洗净的猪脊骨。
3. 水开后撇去浮沫，煮3分钟捞出脊骨，用热水冲净干净。
4. 砂锅中放入猪脊骨、木瓜块、纱布包，煮至猪脊骨将熟，加盐调味，煮至猪肉烂熟，撒入葱花，即可食用。

【功效与主治】补肝益肾，健筋强骨。适用于腰痛、痿证、痹证、痴呆（缓解期）、阳痿等疾病。对肝肾亏虚所致的腰部疼痛、膝部酸软、关节疼痛、下肢麻痛、记忆力减退、倦怠乏力等症状有一定疗效。

【膳食服法】餐时服用。

木瓜排骨汤

【食药材】鲜木瓜半个，猪排骨500克，食盐、葱、姜、料酒等调味品适量。

【膳食制法】

1. 将木瓜削皮，去籽，切大块。
2. 砂锅中加清水适量，武火烧开，放入洗净的姜丝、葱段、料酒，再放入洗净的猪排骨。
3. 水开后撇去浮沫，煮3分钟捞出排骨，用热水冲净干净。
4. 砂锅中放入排骨、木瓜块，煮至脊骨将熟，加食盐调味，煮至猪肉烂熟，撒入葱花，即可食用。

【功效与主治】强筋壮骨，健脾祛湿。适用于腰痛、痿证、痹证、胁痛等疾病。对脾气亏虚、湿邪内阻所致的四肢痿软、胃部胀满、关节疼痛、肋软骨局部疼痛、筋骨痿软、肢体重困、倦怠乏力、食欲减退等症状有一定疗效。

【膳食服法】餐时服用。

木瓜配花生　补血养心，化湿和胃

木瓜大枣花生汤

【食药材】鲜木瓜半个，大枣5粒，冰糖10克，生花生仁30粒。

【膳食制法】

1. 将木瓜去皮、核，切成块，大枣洗净去核。
2. 将木瓜、生花生仁、大枣和适量清水放入煲内并放入冰糖。
3. 待武火烧开，改用文火煎煮熟，即可食用。

【功效与主治】补血养心，化湿和胃。适用于腰痛、贫血、虚劳、水肿、心悸等疾病。对气血亏虚所致的心慌气短、周身无力、双目干涩等症状，以及脾气亏虚、水湿不化所致的肢体浮肿、恶心呕吐、体虚无力、腰部沉重等症状有一定疗效。

【膳食服法】餐时服用。

木瓜配粳米　化湿和胃，柔筋止痛

木瓜粳米粥

【食药材】鲜木瓜1个，粳米100克，白砂糖20克。

【膳食制法】

1. 将木瓜冲洗干净去籽，用冷水浸泡后，上笼蒸熟，切成小块。
2. 粳米淘洗干净，放入砂锅，加清水适量，武火烧开，文火煮至粥熟。
3. 粥中加入木瓜块，加白砂糖调味，再煮一沸，即可食用。

【功效与主治】化湿和胃，柔筋止痛。适用于水肿、痹证、颤证、呕吐等疾病。对脾虚湿困所致的肢体浮肿、恶心呕吐、下肢抽筋及四肢震颤、腰部沉重、关节疼痛、倦怠乏力、食欲减退等症状有一定疗效。

【膳食服法】餐时服用。

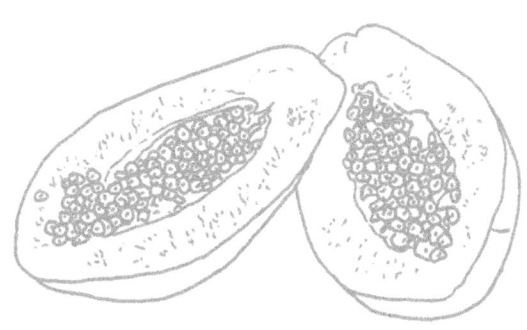

木瓜配牛奶　和胃除湿，美容养颜

木瓜椰奶冻

【食药材】木瓜2个，牛奶150毫升，椰浆200毫升，白糖5克。

【膳食制法】
1. 将木瓜削皮并切去顶部一小块，挖掉木瓜籽。
2. 将椰浆、牛奶、白糖倒入水砂锅里，武火煮至微沸，关火。
3. 将椰奶液倒入木瓜内，冷藏4小时，凝固后切片，即可食用。

【功效与主治】和胃除湿，美容养颜。适用于水肿、痹证、呕吐等疾病。对脾虚湿困所致的肢体浮肿、恶心呕吐、胃部胀满、下肢抽筋、腰部沉重、关节疼痛、倦怠乏力、食欲减退等症状有一定疗效。久服本方对美容养颜有一定作用。

【膳食服法】餐时服用。

桑枝

【来源】桑科植物桑的干燥嫩枝。

【性味归经】微苦，平。归肝经。

【功效与主治】祛风除湿，通利关节。主治痹证、水肿等疾病。适用于风湿热邪侵犯肢体所致的关节疼痛、痛处掀红灼热、肿胀疼痛剧烈、筋脉拘急、日轻夜重或兼有发热、口渴、烦闷不安等症状，以及脾虚不能制水所致的遍体浮肿、皮肤绷急光亮、胸脘痞闷或口苦口黏、小便短赤、大便干结等症状。现代医学研究表明，桑枝具有抗炎和增强免疫的作用。

【药理成分】桑枝中主要含鞣质、蔗糖、葡萄糖、麦芽糖果糖、水苏糖等。

【附注】脾胃虚寒作泄者、寒饮束肺者不宜单独食用。

桑枝配鸡肉　通利关节，强腰止痛

桑枝煮鸡

【食药材】桑枝10克，母鸡肉500克，食盐、料酒、葱、姜等调味品适量。

【膳食制法】

1. 将桑枝洗净并用纱布袋包好，再与洗净的鸡肉同入砂锅中。

2. 加清水适量，先置于武火上煮沸，去血沫，加料酒、葱、姜，文火煮至鸡将熟，去纱布袋，加食盐调味，煮至鸡熟，加入葱花，即可食用。

【功效与主治】通利关节，强腰止痛。适用于腰痛、痹证等疾病。对脾肾亏虚、阳气不足、湿邪不化所致的腰膝冷痛、周身沉重、关节疼痛、倦怠乏力、少气懒言、畏寒肢冷等症状有一定疗效。

【膳食服法】餐时服用。

小茴香

【来源】伞形科植物茴香的干燥果实。

【性味归经】辛，温。归肝、肾、脾、胃经。

【功效与主治】散寒止痛，理气和胃。主治腹痛、痛经等疾病。适用于寒邪入侵所致的寒疝腹痛、经前或经期小腹冷痛拒按、畏寒肢冷等症状，以及寒凝气滞所致的脘腹胀痛、食少吐泻、少腹冷痛、睾丸偏坠等症状。

【药理成分】含有茴香醚、茴香酮、茴香醛、茴香脑、柠檬烯等。

【附注】阴虚火旺者不宜单独食用。

小茴香配粳米 行气止痛,温中开胃

茴香粳米粥

【食药材】小茴香10克,粳米100克,红糖等调味品适量。

【膳食制法】

1. 先将小茴香洗净,烘干并研成茴香粉。

2. 将粳米淘洗干净,放入砂锅,加清水适量,放入茴香粉,武火烧开,文火煮至粥熟。

3. 加红糖适量,搅拌均匀,即可食用。

【功效与主治】行气止痛,温中开胃。适用于腹痛等疾病。对腹部受寒所致的寒疝疼痛、睾丸胀痛、小腹偏坠、脘腹胀痛、腹部拘急、恶寒身蜷、手足不温、小便清长、食少呕吐等症状有一定疗效。

【膳食服法】餐时服用。

【附注】本方性味辛温,发热者慎用。

小茴香配鸡肉　益气通阳，散寒止痛

茴香烤鸡

【食药材】小茴香15克，母鸡1只，食盐、糖、花椒粉、料酒等调味品适量。

【膳食制法】

1. 将母鸡洗净备用。

2. 将食盐、糖、小茴香、花椒粉、料酒一同拌匀成料汁，刷在鸡肉内外，腌制1小时。

3. 将鸡置炭火上炙烤，边烤边转动，直到烤至黄熟透香，即可食用。

【功效与主治】益气通阳，散寒止痛。适用于腹痛、虚劳等疾病。对腹部受寒、阳气不通所致的寒疝疼痛、睾丸胀痛、小腹偏坠、喜饮热饮等症状，以及脾气亏虚所致的脘腹胀痛、食少呕吐、倦怠乏力、少气懒言等症状有一定疗效。

【膳食服法】餐时服用。

小茴香配白芝麻　温补脾肾，行气导滞

【食材介绍——白芝麻】

白芝麻，为胡麻科的胡麻属植物脂麻的种子。白芝麻含有脂肪、蛋白质、卵磷脂、碳水化合物、维生素A、维生素E、钙、铁、镁等多种成分。中医认为，白芝麻味甘，性平，归肝、肾、肺、脾经，具有补血明目、祛风润肠、生津通乳、益肝养发、补虚强身的功效。现代医学研究表明，白芝麻及其制品具有丰富的营养和抗衰老作用。白芝麻中含有丰富的维生素E，可以防止各种皮肤炎性病变；白芝麻中的亚油酸可以调节人体胆固醇的含量；白芝麻还具有养血以润泽肌肤的功效，经常食用白芝麻可以令皮肤更加光滑细腻、红润、有光泽。一般人均可食用白芝麻，尤其适用于产后缺乳、便秘、血脂异常、头发早白、血小板减少性紫癜、痔疮等人群。慢性肠炎者忌食，男子阳痿、遗精者不宜单独食用。

双白茴香面

【食药材】小茴香15克，白面500克，白芝麻500克，盐、油等调味品适量。

【膳食制法】

1. 将白面炒熟。
2. 将芝麻、小茴香洗净烘干，再放油炒熟打细粉。
3. 将白面粉与上述细粉和盐充分混匀，即可食用。

【功效与主治】温补脾肾，行气导滞。适用于腹痛、虚劳等疾病。对腹部受寒、阳气不通所致的小腹拘急、拘挛作痛、睾丸酸痛、肿胀偏坠、畏寒肢冷等症状，以及脾气亏虚、胃气不舒所致的食少呕吐、倦怠乏力、少气懒言等症状有一定疗效。

【膳食服法】餐时服用。

春季膳食

吴茱萸

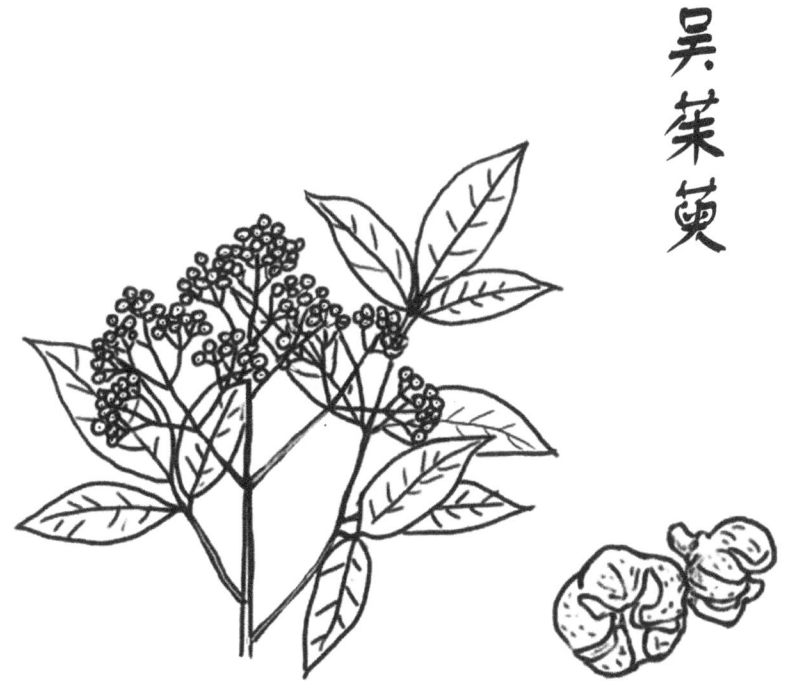

【来源】芸香科植物吴茱萸近成熟的果实。

【性味归经】辛、苦,性热。有小毒。归肝、脾、胃、肾经。

【功效与主治】散寒止痛,降逆止呕,助阳止泻。主治腹痛、头痛、呕吐、泄泻等疾病。适用于寒邪凝滞所致的脘腹冷痛、剧烈拘急、得温痛减、遇寒尤甚、恶寒身蜷、手足不温、呕吐清水、小便清长、黎明之前脐腹作痛、泻下完谷、小腹冷痛、腰膝酸软等症状,以及风寒外感所致的头痛如裹、痛连项背、恶风畏寒等症状。

【药理成分】含吴茱萸烯、月桂烯、罗勒烯、吴茱萸内酯、吴茱萸碱、异吴茱萸碱、吴茱萸次碱等。

【附注】本品辛热燥烈,易耗津气动火,故不宜单独久服。阴虚有热者不宜单独食用。

吴茱萸配芹菜 温脾暖胃，疏肝止痛

【食材介绍——芹菜】

芹菜，为伞形科植物。芹菜含有蛋白质、碳水化合物、胡萝卜素、钙、铁、钠等多种成分。中医认为，芹菜味甘、辛，性凉，归肺、胃、肝经，具有清热除烦、平肝健胃的功效。现代医学研究表明，芹菜中含酸性的降压成分，可使血管扩张，起到降压作用；芹菜子中的碱性成分，对人体能起安定作用；芹菜中含有利尿成分，能够利尿消肿。芹菜富含粗纤维，咀嚼芹菜可以擦去黏附在牙齿表面的细菌，从而减少牙菌斑的形成。芹菜作为高纤维食物，经肠内消化转化为木质素，具有抗氧化功效，高浓度木质素可抑制肠内致癌物质的生成。芹菜中有较多的铁含量，有利于贫血的治疗。一般人均可食用芹菜，尤其适宜于患有高血压、动脉硬化、水肿、贫血、牙斑菌等人群。消化不良或腹泻、低血压等人群不宜单独食用。

吴茱萸爆炒西芹

【食药材】 吴茱萸5克，葱白2茎，西芹250克，盐等调味品适量。

【膳食制法】

1. 将吴茱萸洗净，用纱布袋包好，放入砂锅，加清水适量，武火烧开，文火煎煮30分钟，捞出药包，去渣浓缩取汁。西芹洗净，葱白切片。

2. 将炒锅中加入少量油，待油热，加入葱花煸香。

3. 加入西芹爆炒至临近出锅时，加入药汁及适量的盐，再次炒匀，即可食用。

【功效与主治】 温脾暖胃，疏肝止痛。适用于腹痛、呕吐、头痛等疾病。对肝经阳气不通所致的头部巅顶疼痛、喜温喜按、两胁疼痛等症状，以及寒邪凝滞所致的胃脘冷痛、腹部胀满、呕吐吞酸等症状有一定疗效。

【膳食服法】 餐时服用。

【附注】 腹泻较重者不宜久食。

吴茱萸配鲫鱼　温通肝阳，温脾补虚

吴茱萸鲫鱼汤

【食药材】吴茱萸6克，陈皮3克，鲫鱼1条，黄酒20克，生姜、胡椒、盐、葱段各适量。

【膳食制法】

1. 将鲫鱼去鳞及内脏洗净。生姜洗净切片，大葱切段。
2. 将姜片、葱段、陈皮、胡椒、吴茱萸一起用纱布包好，填入鱼腹内。
3. 将鱼身上放生姜、葱段，加入黄酒、盐、葱段、适量清水，隔水清蒸至鱼熟，取出纱布包，即可食用。

【功效与主治】温通肝阳，温脾补虚。适用于腹痛、呕吐、头痛、痛经等疾病。对肝经阳气不足所致的头部疼痛、喜温喜按、两胁疼痛等症状，以及脾气亏虚所致的腹部冷痛、周身乏力、少气懒言、恶心呕吐、经行腹部疼痛等症状有一定疗效。

【膳食服法】餐时服用。

吴茱萸配猪肉　温中健脾，散寒止痛

吴茱萸猪肉馄饨

【食药材】吴茱萸6克，高良姜3克，猪肉300克，小麦面粉500克，胡椒5克，葱、盐等调味品适量。

【膳食制法】

1. 将胡椒、吴茱萸、高良姜洗净烘干，研为细末。
2. 将猪肉洗净，切碎，炒熟。
3. 将药末、猪肉、葱、盐等制成馄饨馅。
4. 制作馄饨，入锅煮熟，即可食用。

【功效与主治】温中健脾，散寒止痛。适用于腹痛、虚劳、胃痛等疾病。对胃脘、腹部受寒所致的胃脘冷痛、腹部胀满、喜温喜按、呕吐吞酸、周身无力、少气懒言等症状有一定疗效。

【膳食服法】餐时服用。

吴茱萸猪肉罐

【食药材】吴茱萸6个，猪肉馅240克，香油、盐、生抽、白胡椒粉、葱、姜、大料等调味品适量。

【膳食制法】

1. 将吴茱萸洗净，去把待用。葱、姜、白胡椒粉、香油、盐、生抽与猪肉馅混合搅匀待用。
2. 搅好的肉馅，炒半熟，装入吴茱萸中。
3. 锅中放适量油，用大料炝锅，再把备好的吴茱萸放入锅中，加适量生抽。
4. 加热水武火至开锅，改文火熬至肉馅熟透，即可食用。

【功效与主治】温脾补虚，散寒止痛。适用于腹痛、胃痛等疾病。对胃脘及腹部受寒所致的胃脘胀满、腹部冷痛、喜温喜按、喜热饮、呕吐吞酸、周身无力、少气懒言等症状有一定疗效。

【膳食服法】餐时服用。

吴茱萸配粳米　补脾暖胃，和中止痛

吴茱萸粳米粥

【食药材】吴茱萸6克，粳米100克，生姜2片，葱白2段，盐等调味品适量。

【膳食制法】

1. 将吴茱萸研为细末，并用纱布袋包好。葱、姜切细末。

2. 将粳米与药包同入砂锅，加清水适量，武火烧开，文火煮至粥熟，捞出药包。

3. 加入姜、葱及盐搅匀，即可食用。

【功效与主治】补脾暖胃，和中止痛。适用于痛经、腹痛、呕吐等疾病。对腹部受寒所致的腹部冷痛、喜温喜按、畏寒肢冷、呕吐吞酸、周身无力、少气懒言及经前小腹冷痛等症状有一定疗效。

【膳食服法】餐时服用。

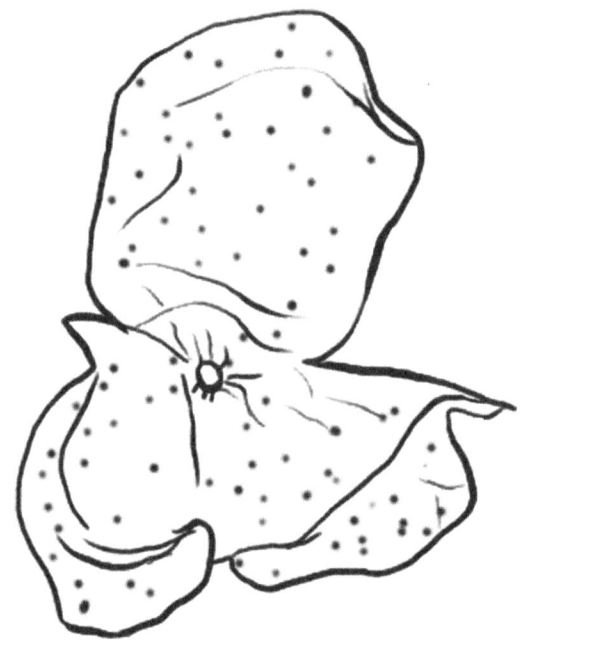

陈皮

【来源】芸香科植物橘及其栽培变种干燥的成熟果皮。

【性味归经】辛、苦，温。归脾、肺经。

【功效与主治】理气健脾，燥湿化痰。适用于中焦寒湿所致的脾胃气滞、脘腹胀痛、恶心呕吐、便溏泄泻等症状，以及脾胃寒冷所致的食少吐泻、胸脘胀满和寒湿痰阻所致的咳嗽痰多等症状。

【药理成分】含有柠檬烯、枸橼醛、川陈皮酮、橙皮甙、肌醇、维生素B_1等。

【附注】气虚体燥、阴虚燥咳、吐血及内有实热者不宜单独食用。

陈皮配鸡肉　健脾消食，温中补虚

陈皮蒸全鸡

【食药材】陈皮15克，公鸡一只1000克，菜油80克，葱节20克，姜块10克，花椒粉10克，食盐10克，麻油5克，黄酒15克，五香粉2克，醪糟汁25克。

【膳食制法】

1. 将杀好的公鸡洗净，沥干水分，备用。陈皮打成细粉，备用。

2. 将黄酒、食盐、陈皮、五香粉、花椒粉、菜油拌抹在鸡身内外，入盆内淋上麻油、醪糟汁，腌制2小时。

3. 盆内加入姜块、葱节，武火烧开，文火蒸至鸡肉熟透，取鸡入盘，即可食用。

【功效与主治】健脾消食，温中补虚。适用于腹痛、呕吐、虚劳、痞满等疾病。对脾阳亏虚所致的腹部冷痛、时有呕吐、胃脘胀痛、周身乏力、消化不良、少气懒言等症状有一定疗效。

【膳食服法】餐时服用。

陈皮配羊肉　温中补阳，散寒止痛

四逆羊肉汤

【食药材】陈皮15克，肉桂3克，干姜3克，炙甘草3克，羊腿肉1000克，黄酒20克，葱20克，生姜10克，食盐10克，花椒10克。

【膳食制法】

1. 将羊肉洗净，入开水焯下，切小块。
2. 将肉桂、干姜、炙甘草、陈皮洗净，装入纱布袋中。葱切段，生姜切片。
3. 砂锅置于武火上，加清水适量，加羊肉烧开，撇去血沫，放入中药包、黄酒、葱段、生姜片、花椒，改文火煮至肉熟。
4. 取出中药包，加入食盐调味，即可食用。

【功效与主治】温中补阳，散寒止痛。适用于痹证、腰痛、水肿、阳痿、鼓胀、泄泻、厥证等疾病。对脾肾阳气亏虚所致的关节疼痛、四肢厥冷、腰部冷痛、膝部酸软、身体浮肿、性功能障碍、腹部胀满、大便溏泄、下利清谷、畏寒肢冷伴见喜温喜按、渴喜热饮等症状有一定疗效。

【膳食服法】餐时服用。

陈皮配猪肉　理气和胃，燥湿化痰

陈皮肉丁

【食药材】陈皮10克，猪瘦肉1000克，葱节10克，麻油10克，姜片10克，鲜汤100克，食盐6克，干辣椒5克，花椒5克，黄酒25克，酱油10克，醪糟汁20克，菜油、白糖等调味品适量。

【膳食制法】

1. 将猪瘦肉洗净,切成肉丁,与适量食盐、酱油、黄酒、姜片、葱拌匀腌制,放置30分钟,拣去姜、葱。干辣椒洗净切成短节,陈皮切成小长方块,备用。

2. 炒锅置于旺火上,下油烧至七成热,放入肉丁,待肉丁变成金黄色时捞起,控油备用。

3. 加菜油烧至五成热,下干辣椒、花椒、陈皮,炸出香味后,加入姜、葱、肉丁炒匀,烹入黄酒、酱油、白糖、醪糟汁、鲜汤炒匀,待汁收干后,淋麻油炒匀起锅,即可食用。

【功效与主治】理气和胃,燥湿化痰。适用于腹痛、痞满、呕吐、厌食、呃逆等疾病。对胃气不和、脾气亏虚所致的胸闷腹胀、时有呕吐、打嗝不止、食欲不振、喜温喜按、周身困重、头部昏沉等症状有一定疗效。

【膳食服法】餐时服用。

【附注】陈皮味辛苦而性温,入油中炸出香味即可,不宜久炸。

陈皮配鸭肉 健脾养心,益气养血

【食材介绍——鸭肉】

鸭肉是家禽鸭子的肉。鸭肉含有蛋白质、脂肪、维生素B、维生素E、钙、磷、铁等多种成分。中医认为,鸭肉味甘、咸,性寒,具有补益气阴、利水消肿的功效。现代医学研究表明,鸭肉中各种脂肪酸的比例接近理想值,具有降低胆固醇的作用,适合动脉粥样硬化的人群食用。鸭肉富含B族维生素和维生素E,可以抵抗脚气病、神经炎及其他炎症,还有抗衰老的功效,其中的烟酸还能对心脏病患者起到保护作用。鸭肉中富含钾,可以对抗食入的过多钠盐,可以防治因食盐过量导致的高血压。多吃鸭肉还能缓解钾缺乏状态。一般人均可食用鸭肉,尤其适宜于体内有热、体质虚弱、食欲不振、大便干结或便秘、水肿、病后产后体虚、低血钾、脚气病、神经炎、高血压等人群。素体虚寒、感冒、消化不良、腹泻患者不宜单独食用。

参芪鸭条

【食药材】陈皮10克,党参5克,炙黄芪5克,鸭子1只(约1000克),葱、姜、黄酒、盐、酱油、油等调味品适量。

【膳食制法】

1. 将鸭子宰杀,洗净。鸭表皮用酱油抹匀后,备用。

2. 将党参、黄芪、陈皮洗净,用纱布包好,葱、姜洗净切片,备用。

3. 将锅置于武火上,放油适量,待油八成热时将鸭子放入油中,炸至鸭皮呈金黄色时捞出,沥油。

4. 将炸好的鸭子放入砂锅内,投入纱布包,加酱油、葱、姜、盐、黄酒,加适量清水,武火烧开,文火焖至鸭肉熟烂时取出,去掉药包,拆去鸭骨,将鸭肉切成条状。

5. 把切好的鸭肉条装入汤碗内,倒入原汤,加入少许葱花,即可食用。

【功效与主治】健脾养心,益气养血。适用于虚劳、心悸、头痛、眩晕、不寐等疾病。对气血亏虚、心脾失养所致的头晕目眩、少气懒言、面色淡白或面色萎黄、乏力自汗、心慌失眠等症状有一定疗效。现代医学研究表明,本方对慢性消耗性疾病、贫血、营养不良、久病不愈等疾病有一定作用。本方久服,有抗衰防老、强身健体、美容养颜的功效。

【膳食服法】餐时服用。

陈皮配羊尾骨 温补下焦,散寒止痛

【食材介绍——羊尾骨】

羊尾骨,为牛科动物山羊或绵羊的尾巴。羊尾含有脂肪、胶原蛋白、维生素A、维生素B、钙、磷、铁等多种成分。中医认为,羊尾味甘,性温,归脾、胃、肾、心经,具有温中补虚、补益精血、强壮筋骨的功效。现代医学研究表明,羊尾含有丰富的胶原蛋白,可以降血脂和胆固醇;胶原蛋白还能抑制铝元素在人体内的聚集,降低其对人体的损害;胶原蛋白还是骨骼的主要成分之一，常食可以预防骨质疏松；此外，经常摄入胶原蛋白还能抗皮肤衰老、去皱纹。羊尾含有较多的脂肪，炖食羊尾美味又滋养，常食用羊尾既能祛风散寒，又滋养身体，最适宜于冬季食用。一般人均可食用，尤其适宜于骨质疏松、腰腿酸软、阳痿早泄、体虚久病等人群。肥胖或血脂异常症者不宜单独食用。

羊尾面条

【食药材】陈皮15克，荆芥5克，大羊尾骨1条，羊肉150克，面条100克，葱白5克，食盐等调味品适量。

【膳食制法】

1. 将羊尾骨洗净剁断，羊肉洗净切块，备用。

2. 将陈皮、荆芥洗净后装入纱布袋中，葱切段，备用。

3. 将羊尾骨放入砂锅，加清水适量，武火烧开，文火煮1小时，撇除血沫，放入葱段、药包煮半小时，取汁备用。

4. 将药汁烧开，加入羊肉煮至将熟，下面条，与羊肉共煮熟烂，加盐、葱花调味，即可食用。

【功效与主治】温补下焦，散寒止痛。适用于腹痛、虚劳、胃痛、阳痿、喘证等疾病。对下焦虚寒所致的腰背酸软、腹部冷痛、喜温喜按、虚损羸瘦、呕吐吞酸、胃部怕凉、性功能减退、周身无力、咳嗽痰多、痰涎清稀、少气懒言等症状有一定疗效。

【膳食服法】餐时服用。

陈皮配白萝卜 健脾行气，消食止痛

【食材介绍——白萝卜】

白萝卜，属于根茎类蔬菜，是十字花科萝卜属植物。白萝卜含有碳水化合物、维生素A、维生素C、钠、钾、磷、钙、镁等多种成分。中医认为，白萝卜味甘、辛，性凉，归肝、胃、肺、大肠经，具有清热生津、健脾和胃、凉血止血、顺气化痰、下气宽中的功效。现代医学研究表明，白萝卜富含木质素，能促进巨噬细胞吞噬癌细胞；白萝卜含有能分解亚硝酸胺的多种生物酶；白萝卜还含有丰富的具有强大抗氧化作用的维生素A、维生素C。在上述共同作用下，白萝卜具有较强的防癌作用。此外，维生素A和维生素C还能预防动脉硬化。维生素C能延缓色斑的形成，能保持皮肤的白嫩。白萝卜含有的大量膳食纤维可以加速肠胃的蠕动频率，起到排毒养颜的作用。一般人均可食用，尤其适宜于咳嗽、咳痰、便秘、消化不良者。

陈皮萝卜紫菜汤

【食药材】陈皮10克，白萝卜200克，紫菜3克，香菜、食盐等调味品适量。

【膳食制法】

1. 将白萝卜洗净切丝，紫菜洗净撕碎，陈皮洗净切碎，香菜洗净切末。
2. 将砂锅加水适量，武火烧开，加入陈皮、白萝卜，煮至萝卜丝熟，加入紫菜、食盐、香菜搅匀，即可食用。

【功效与主治】健脾行气，消食止痛。适用于腹痛、痞满、便秘、呕吐、厌食、虚劳等疾病。对胃气不和、脾虚湿盛所致的脘闷腹胀、时有呕吐、食欲不振、消化不良、大便干结、周身困重、头重昏沉、周身无力等症状有一定疗效。

【膳食服法】餐时服用。

陈皮配鲫鱼 温阳健脾，消食利水

陈皮鲫鱼羹

【食药材】陈皮10克，砂仁3克，高良姜3克，鲫鱼1条，胡椒3克，蒜、葱、食盐等调味品适量。

【膳食制法】

1. 将鲫鱼宰杀、洗净。
2. 将高良姜、砂仁、陈皮用纱布包好，和胡椒、蒜、葱放入鲫鱼肚内，用线绑好。
3. 将鱼放入砂锅，加水适量，武火烧开，文火炖至鱼熟，加食盐调味，即可食用。

【功效与主治】温中健脾，消食利水。适用于腹痛、虚劳、胃痛、水肿、泄泻等疾病。对脾阳不足、运化水谷失常所致的胃脘胀满、腹部冷痛、喜温喜按、呕吐吞酸、下肢浮肿、周身无力、少气懒言、大便溏薄、久泄不愈等症状有一定疗效。

【膳食服法】餐时服用。

【附注】下痢脓血者不宜食用。

陈皮配咖啡　健脾益气，燥湿化痰

修身咖啡

【食药材】陈皮5克，茯苓3克，桂枝1克，咖啡15克，白砂糖6克，水适量。

【膳食制法】

1. 将陈皮、茯苓、桂枝洗净并用纱布袋包好，加水煎煮，过滤后的滤液浓缩制成浓度为0.7克/毫升的提取液。

2. 咖啡豆磨成粉末。

3. 将提取液加水混匀后，与咖啡粉以及白砂糖混合煎煮30分钟，即可饮用。

【功效与主治】健脾益气，燥湿化痰。适用于肥胖等疾病。对过食肥甘厚味、脾虚不运所致的形体肥胖、腹大膏厚、头身困重、脘腹痞闷、倦怠懒动、大便溏薄等症状有一定疗效。现代医学研究表明，本方对单纯性肥胖、代谢综合征等病症有一定防治作用。

【膳食服法】餐后饮用。

青皮

【来源】芸香科植物橘及其变种的干燥幼果或未成熟之果实的果皮。

【性味归经】苦、辛，温。归肝、胆、胃经。

【功效与主治】疏肝破气，消积化滞。适用于肝郁气滞所致的胁肋胀痛、乳房胀痛、疝气疼痛等症状，以及食积气滞所致的胃脘胀痛和气滞血瘀所致的癥瘕积聚等症状。

【药理成分】含有黄酮甙、挥发油、氨基酸等。

【附注】疏肝止痛宜醋炙后食用。

青皮配绿茶　理气和胃，通络止痛

青皮红花茶

【食药材】青皮3克，红花1克，绿茶3克。

【膳食制法】

1. 将青皮与红花用清水洗净，装入纱布袋中，放入砂锅，加水适量，武火烧开，文火煎煮30分钟，去渣取汁，备用。

2. 将药汁煮沸，冲泡绿茶，即可饮用。

【功效与主治】理气和胃，活血止痛。适用于痹证、胃痛等疾病。对瘀血痹阻所致的局部疼痛、痛呈刺痛、固定不移或夜间加重、胃部刺痛及食后加重等症状有一定疗效。

【膳食服法】代茶饮。

青皮麦芽饮

【食药材】青皮3克，生麦芽2克，绿茶5克。

【膳食制法】

1. 将生麦芽、青皮用清水洗净，装入纱布袋中。

2. 将药包放入砂锅，加清水适量，武火烧开，文火煎煮20分钟，捞出药包，去渣取汁，备用。

3. 将药汁煮沸，冲泡绿茶，即可饮用。

【功效与主治】消食和胃，疏肝止痛。适宜于胃痛、厌食等疾病。对肝气郁结、横逆犯胃所致的两胁疼痛、作胀不适、纳食不佳、胃部胀满、时有打嗝等症状有一定疗效。

【膳食服法】餐时饮用。

青皮配粳米　疏肝理气，活血止痛

青皮粳米粥

【食药材】青皮5克，粳米100克，红糖等调味品适量。

【膳食制法】

1. 将青皮洗净，用纱布包好，放入砂锅，加清水适量，武火烧开，文火煎煮30分钟，去渣取汁，备用。

2. 将粳米洗净，放入砂锅，加入药汁及适量清水，武火烧开，文火煮至粥熟，加红糖调味，即可食用。

【功效与主治】疏肝理气，活血止痛。适用于郁证、胃痛、腹痛、痞满、乳癖等疾病。对肝郁气结、气机不畅所致的脘腹胀满、两胁疼痛、饮食积滞、乳房肿痛、疝气疼痛、嗳气时作等症状有一定疗效。

【膳食服法】餐时服用。

青皮配黑豆　调和气血，美容养颜

青皮五色汤

【食药材】青皮5克，黑豆20克，银耳5克，红枣10枚，黄花菜10克，白砂糖10克。

【膳食制法】

1. 将银耳、黄花菜洗净，泡发，去蒂；青皮、黑豆洗净，红枣洗净去核。

2. 将砂锅置火上，加水适量，青皮放入布袋扎紧口与黑豆一起放入砂锅，武火煮沸转文火煎煮30分钟。

3. 捞出药包，放入银耳、红枣、黄花菜，文火炖煮至豆、银耳烂熟，加白砂糖调味，即可食用。

【功效与主治】调和气血，美容养颜。适用于雀斑、青春痘等疾病。对气血郁滞所致的面部色素沉着、萎黄无华等症状有一定疗效。本方久服，有一定美容养颜的功效。

【膳食服法】餐时服用。

青皮配黄酒　利水消肿，活血化瘀

青皮黄酒

【食药材】青皮15克，陈皮3克，槟榔3克，当归3克，砂仁3克，玫瑰花5克，黄酒1500克。

【膳食制法】

1. 将青皮、陈皮、槟榔、当归、砂仁、玫瑰花洗净，用干净纱布袋包好，扎紧袋口，放入净瓶。倒入黄酒。

2. 加盖密封7天，每天摇晃1次，取出药袋，即可饮用。

【功效与主治】利水消肿，活血化瘀。适用于痹证、胃痛、水肿、癃闭等疾病。对水湿不化、瘀血阻滞所致的四肢浮肿、小便不利、胃部冷痛、胀满不适、关节疼痛、局部刺痛、周身沉重、头部昏沉等症状有一定疗效。

【膳食服法】餐时适量饮用。

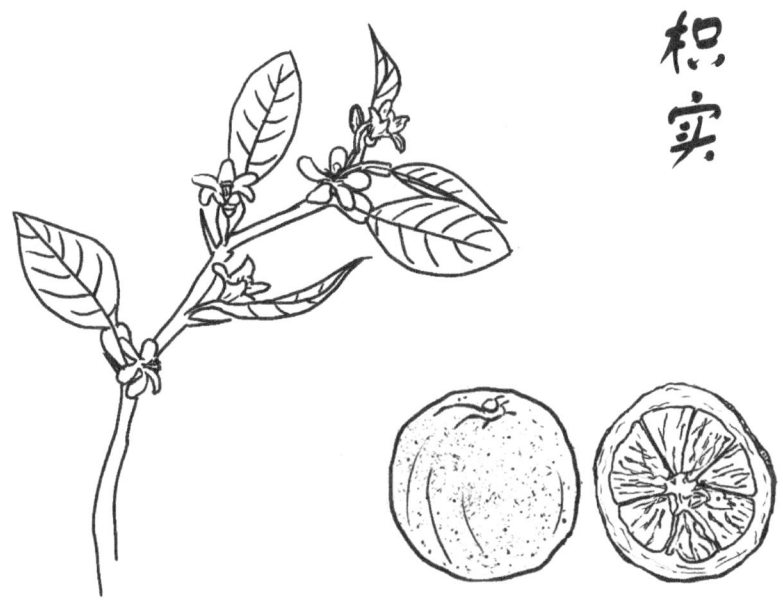

枳实

【来源】芸香科植物酸橙及其变种或甜橙的干燥幼果。

【性味归经】苦、辛、酸,温。归脾、胃、大肠经。

【功效与主治】破气散痞,泻痰消积。适用于胃肠积滞所致的胸腹胀满、热结便秘、腹满胀痛等症状,以及胸阳不振、痰阻胸痹所致的胸痹痞痛、疼痛和气虚下陷所致的脏器下垂等症状。

【附注】孕妇慎用,脾胃虚弱者不宜单独食用。

枳实配白萝卜　润肠通便，行气止痛

枳实白萝卜汤

【食药材】枳实5克，白萝卜一个，虾米、植物油、葱、姜、盐等调味品适量。

【膳食制法】

1. 将枳实洗净，用纱布包好，放入砂锅，加清水适量，武火烧开，文火煎煮30分钟，去渣取汁，备用。

2. 将白萝卜洗净切块，葱、姜洗净切丝，备用。

3. 锅中加入适量植物油烧热，放入白萝卜、虾米翻炒片刻，倒入枳实药汁，加水适量，白萝卜炖至熟烂。

4. 加入葱花、姜丝、盐调味，即可食用。

【功效与主治】润肠通便，行气止痛。适用于便秘、腹痛等疾病。对肠道津液亏虚、腹气不通所致的肠燥便干、难以排出、腹部胀满、胃部不适、口中异味等症状有一定疗效。

【膳食服法】餐时服用。

枳实配粳米　行气散结，消痞除满

枳实粳米粥

【食药材】枳实5克，粳米100克。

【膳食制法】

1. 将枳实洗净，用纱布包好，放入砂锅，加清水适量，武火烧开，文火煎煮30分钟，去渣取汁，备用。

2. 将粳米洗净，放入砂锅，加药汁及清水适量，煮至粥熟，即可食用。

【功效与主治】行气散结，消痞除满。适用于痞满、厌食、便秘等疾病。对腹部气不通所致的肠燥便干、难以排出、脘腹满闷、胃部胀痛、饮食不消、不欲饮食等症状有一定疗效。

【膳食服法】餐时服用。

枳实配牛肚　补气健脾，消痞除满

枳实砂仁牛肚汤

【食药材】枳实10克，砂仁3克，牛肚200克，盐等调味品适量。

【膳食制法】

1. 将牛肚洗净，放入锅中炖煮30分钟。枳实、砂仁洗净并用纱布袋包好备用。

2. 加入药包再煮20分钟，捞出药包，煮至牛肚熟烂，加盐调味，即可食用。

【功效与主治】补气健脾，消痞除满。适用于痞满、厌食等疾病。对气机郁滞所致的脘腹满闷、胃部胀痛、饮食不消、食后脘腹胀满等症状有一定疗效。

【膳食服法】餐时服用。

枳实配猪肉　益气健脾，消食和胃

枳实猪肉汤

【食药材】枳实5克，炒白术3克，焦山楂3克，猪肉100克，生姜3片，盐、葱花等调味品适量。

【膳食制法】

1. 将枳实、炒白术、焦山楂洗净并用纱布袋包好，猪肉洗净并切薄片。

2. 将药包与生姜放入砂锅，加清水适量，武火滚沸，加入猪肉片，文火煲至猪肉熟，加盐、葱花调味，即可食用。

【功效与主治】益气健脾，消食和胃。适用于痞满、厌食等疾病。对脾气亏虚及气机郁滞所致的脘腹满闷、胃部胀满、积滞内停、食积不化等症状有一定疗效。

【膳食服法】餐时服用。

香橼

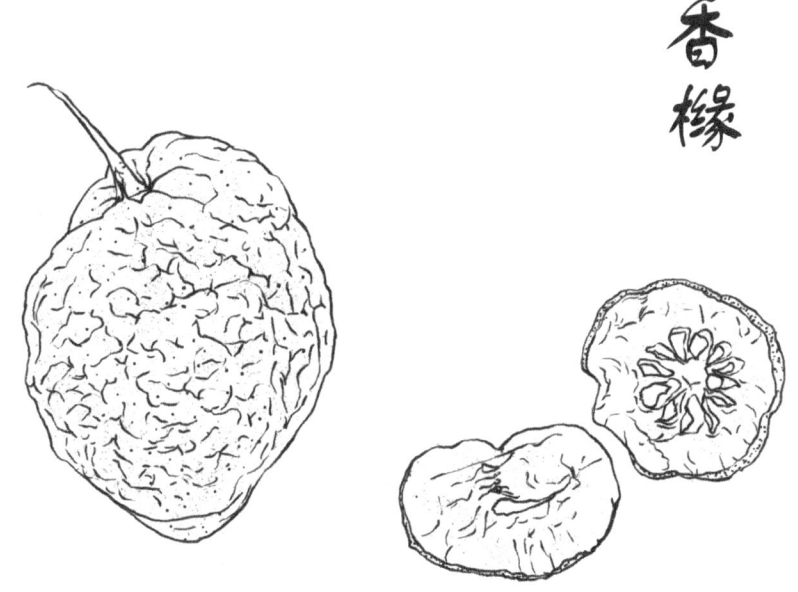

【来源】芸香科植物香圆或枸橼干燥的成熟果实。

【性味归经】味辛、微苦、酸,温。归肝、脾、肺经。

【功效与主治】舒肝理气,宽中化痰。适用于肝胃气滞所致的胸胁胀痛等症状,以及脾胃气滞所致的脘腹痞满、呕吐噫气和痰气郁结所致的痰多咳嗽等症状。

【药理成分】含有枸橼酸、苹果酸、果胶、维生素C、橙皮甙、鞣质等。

香橼配白糖　化湿健脾，消滞开胃

香橼砂仁糖

【食药材】香橼粉5克，砂仁粉3克，白砂糖50克。

【膳食制法】

1. 将白砂糖加水适量放入热锅中，不时搅拌，熬至浓稠。
2. 放入香橼粉和砂仁粉，继续拌匀，熬至可拉丝。
3. 于瓷盆内涂熟油，倒入糖液，趁热均匀摊平，待冷却。
4. 用刀割成方块，即可食用。

【功效与主治】化湿健脾，消滞开胃。适用于胃痛、厌食等疾病。对肝气郁结、横逆犯脾所致的两胁胀痛、纳食不佳、胃部胀满、时有打嗝等症状，以及湿邪阻滞脾胃所致的食欲不振、脘腹胀满、周身困重等症状有一定疗效。

【膳食服法】随时含服。

香橼配粳米　舒肝理气，消食和胃

香橼粳米粥

【食药材】香橼3克，粳米100克，红糖等调味品适量。

【膳食制法】

1. 将香橼洗净并用纱布袋包好，放入砂锅，加清水适量，武火烧开，文火煎煮30分钟，去渣取汁，备用。
2. 将药汁与洗净的粳米及清水适量，煮至粥熟，加红糖调味，即可食用。

【功效与主治】舒肝理气，消食和胃。适用于胃痛、呃逆等疾病。对肝胃气滞、气机不畅所致的胸胁胀痛、脘腹痞满、呕吐嗳气、不欲饮食、时有打嗝等症状有一定疗效。

【膳食服法】餐时服用。

香橼配丝瓜　舒肝通络，柔筋止痛

香橼丝瓜双面饼

【食药材】香橼5克，桃仁3克，红花2克，当归3克，炙黄芪3克，赤芍3克，川芎2克，丝瓜50克，玉米面400克，小麦面100克，白糖适量。

【膳食制法】

1. 将香橼打成粉末；桃仁洗净并煮去皮尖，略炒，备用。

2. 将红花、当归、炙黄芪、赤芍、川芎用纱布袋包好，丝瓜切丝，同入砂锅，加水适量，武火烧开，文火煎煮30分钟，捞出药包，去渣备用。

3. 将玉米面、小麦面、香橼粉、白糖同入药汁中调匀和作面团，制成圆饼。

4. 将备用桃仁均匀撒饼上，入笼屉蒸熟，即可食用。

【功效与主治】益气活血，通络止痛。适合中风后遗症及痹证等疾病。对气血亏虚、经络不通所致半身不遂、肢体麻木、周身及关节疼痛有一定疗效。

【膳食服法】餐时服用。

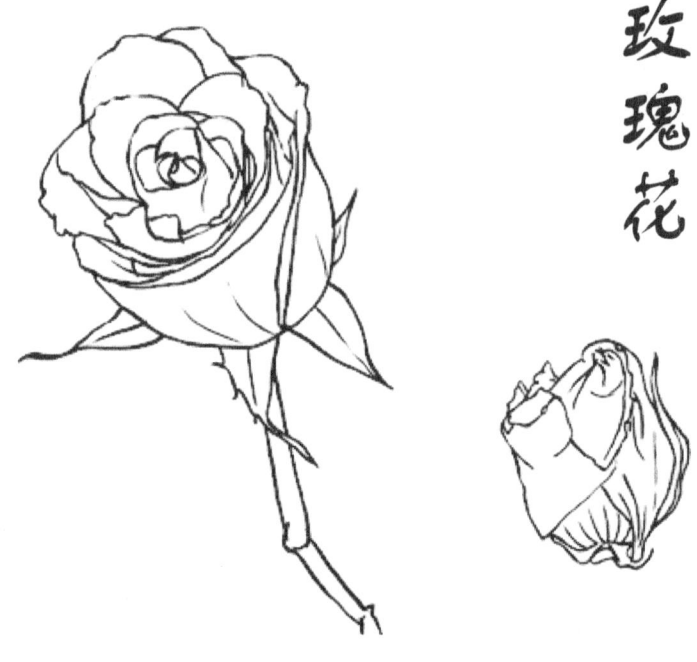

玫瑰花

【来源】蔷薇科植物玫瑰的干燥花蕾。

【性味归经】甘、微苦,温。归肝、脾经。

【功效与主治】理气解郁,和血调经。适用于肝气郁结所致的胸膈满闷、脘胁胀痛、乳房作胀、月经不调、痢疾泄泻、白带异常等症状。

【药理成分】含有挥发油、槲皮甙、苦味质、鞣质、脂肪油、有机酸等。挥发油主要成分为香叶醇、香茅醇、丁香油酚、橙花醇、苯乙醇等。

玫瑰花配羊心　益气养血，宁心安神

【食材介绍——羊心】

羊心，为牛科动物山羊或绵羊的心脏。羊心含有蛋白质、脂肪、胆固醇、维生素A、钙、磷、硒、钠、钾等多种成分。中医认为，羊心味甘，性温，归心经，具有养心安神、解郁除烦的功效。现代医学研究表明，羊心中含有具有生物活性的细胞色素C，其可增强细胞呼吸能力，进而提高细胞的氧利用率，增强组织代谢能力。一般人均可食用，尤其适宜于心悸、失眠、气短、劳心膈痛者。

玫瑰花烤羊心

【食药材】鲜玫瑰花50克，羊心500克，盐等调味品适量。

【膳食制法】

1. 将鲜玫瑰花放入砂锅内，加清水适量，并加食盐共煮10分钟，待冷备用。
2. 将羊心洗净，切块串在烤签上，蘸玫瑰盐水反复在火上烧炙，烤熟后即可食用。

【功效与主治】益气养血，宁心安神。适用于不寐、痴呆、心悸、郁证等疾病。对心血亏虚所致的心慌气短、夜不能寐、郁闷不乐、记忆力减退、疲乏无力、目干流泪等症状有一定疗效。

【膳食服法】餐时服用。

玫瑰花配绿茶　调血养心，行气止痛

玫瑰花绿茶

【食药材】鲜玫瑰花5克，绿茶5克。

【膳食制法】

1. 鲜玫瑰花除去花柄花蒂，取瓣。
2. 将玫瑰花瓣和绿茶放入杯中，用沸水冲泡，即可饮用。

【功效与主治】调血养心，行气止痛。适用于痛经、胃痛等疾病。对肝气郁结、气血郁滞所致的月经延迟、小腹疼痛及脾胃虚寒所致的恶心呕吐、消化不良等症状有一定疗效。

【膳食服法】代茶饮。

玫瑰花配鸡蛋　养肝健脾，美容护肤

玫瑰茶叶蛋

【食药材】干玫瑰花15克，肉桂5克，鸡蛋6个，绿茶15克，食盐、冰糖、八角、香叶等调味品适量。

【膳食制法】

1. 将八角、香叶、肉桂洗净并用纱布袋包好，放入加好水的煮锅中，武火煮开后，文火煮30分钟，放温。
2. 将洗净的鸡蛋放入锅中，加入盐和冰糖，文火煮5分钟。
3. 将干玫瑰花和绿茶倒入锅中，用小勺将鸡蛋外壳轻轻敲出裂纹，继续文火煮至蛋熟。
4. 关火后，将鸡蛋在汤中继续浸泡2个小时至彻底入味，捞出药包，即

可食用。

【功效与主治】养肝健脾，美容护肤。适用于郁证、雀斑等疾病。对肝郁气滞所致的情志不畅、悲伤欲哭、两胁胀痛及面部色斑增多、暗淡无光、面色无华等症状有一定疗效。

【膳食服法】餐时服用。

玫瑰花配红糖　运化脾胃，疏肝行气

玫瑰花酱

【食药材】玫瑰花100克，红糖10克。

【膳食制法】

1. 将玫瑰花瓣放入清水中冲洗浸泡3次。
2. 将消好毒的果酱瓶放干燥，花瓣平摊晾干。
3. 花瓣撕碎放入瓶底，平铺一层再撒上一层红糖，一层压一层用勺子压紧，直到瓶口压满，最上层再盖些红糖，密封瓶盖。
4. 放至阴凉处3个月，待发酵后，即可食用。

【功效与主治】运化脾胃，疏肝行气。适用于经行头痛、雀斑等疾病。对肝气郁滞、气血亏虚所致的经期头痛、倦怠乏力、两胁疼痛、少气懒言等症状，以及面部气血运行不畅所致的面部色素增多、暗淡无光、面色无华等症状有一定疗效。本方久服，可令气色红润、皮肤美白。

【膳食服法】餐时服用。

玫瑰花配燕窝 疏肝解郁，调理月经

玫瑰花炖燕窝

【食药材】鲜玫瑰花50克，枸杞5克，干燕窝2克，冰糖粉适量。

【膳食制法】

1. 将干燕窝加纯净水泡发，泡至燕窝松散。
2. 炖盅加燕窝、枸杞，加水适量，武火烧开，文火慢炖30分钟。
3. 起锅时加入冰糖粉、鲜玫瑰花，待冰糖融化，即可食用。

【功效与主治】疏肝解郁，调理月经。适用于经行头痛、雀斑等疾病。对肝气郁滞、肝血不足所致经行头痛、腰膝酸软、双目干涩、皮肤色斑等症状有一定作用。本方久服，可润肤淡斑。

【膳食服法】餐时服用。

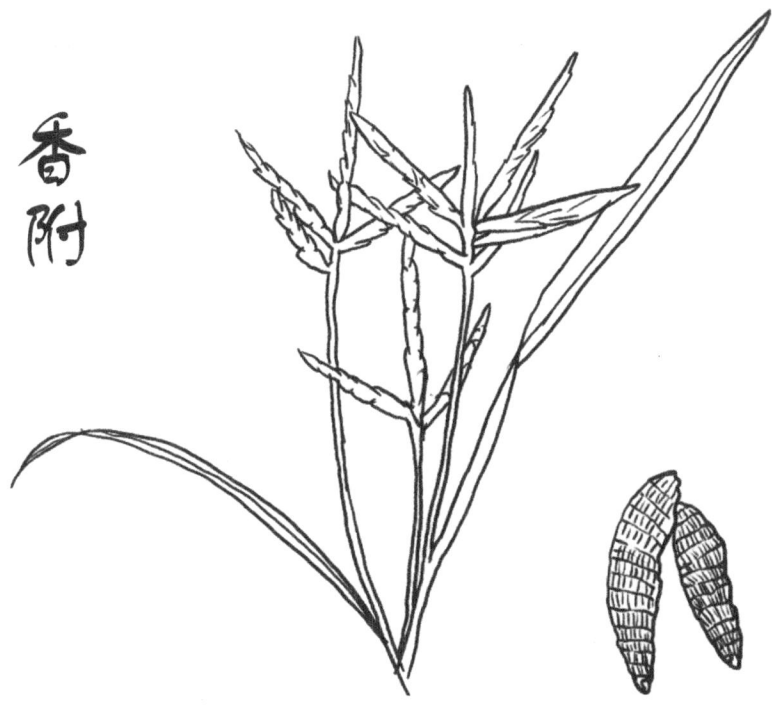

香附

【来源】莎草科植物莎草的干燥根茎。

【性味归经】辛、微苦、微甘，平。归肝、脾、三焦经。

【功效与主治】理气解郁，止痛调经。适用于肝郁气滞或肝脾不和所致的胸胁胀痛、胃脘疼痛、寒疝腹痛、痰饮痞满、呕吐吞酸、月经不调、崩漏带下、乳房胀痛等症状。

【药理成分】含有挥发油、生物碱、黄酮类等。

【附注】止痛宜醋炙后食用。

香附配鸡蛋　疏肝理气，健脾和胃

香附良姜鸡蛋饼

【食药材】香附10克，高良姜3克，鸡蛋5个，淀粉10克，葱白20克，食盐、熟猪油等调味品适量。

【膳食制法】

1. 将高良姜、香附去渣洗净，烘干打细末，葱白洗净切成颗粒状。

2. 鸡蛋打入大碗内，搅打至起泡，加入药末、食盐、淀粉、葱白、清水适量继续搅拌均匀。

3. 将煎锅烧热，加烧油，放入蛋液，煎至双面焦黄，划成小块，即可食用。

【功效与主治】疏肝理气，健脾和胃。适用于呕吐、泄泻、胃痛、痞满、胁痛等疾病。对肝胃不和所致的脘腹胀闷、两胁胀痛、抑郁不舒、时善太息等症状，以及脾胃虚寒所致的胃部冷痛、腹泻便溏、周身乏力、少气懒言等症状有一定疗效。

【膳食服法】餐时服用。

【附注】胃热疼痛者不宜食用。

【医学分析】膳食中对香附早有记载。《本草汇言》："独用、多用、久用，耗气损血。"《本草求真》："香附，专属开郁散气。"高良姜、鸡蛋温中焦而补气虚，熟猪油、淀粉补羸虚而强筋骨，五味相配共奏疏肝理气、健脾和胃之效。故服用本品对肝脾不和所导致的呕吐、泄泻、胃痛、痞满、胁痛等疾病有一定疗效。

香附配猪肉 疏肝理气，补虚强身

香附陈皮炒猪肉

【食药材】香附5克，陈皮2克，生姜3片，猪肉200克，盐适量。

【膳食制法】

1. 将香附、陈皮洗净泡软，陈皮切丝，瘦猪肉洗净切薄片。
2. 在锅内放适量油，烧热后，放入猪肉片，翻炒片刻。
3. 放入陈皮、香附、生姜，加适量清水，烧至猪肉熟，武火翻炒收汁，加盐调味，即可食用。

【功效与主治】疏肝理气，补虚强身。适用于呕吐、胃痛、痞满、胁痛等疾病。对肝胃不和所致的胃部胀闷不舒、两胁胀痛、闷闷不乐、时善太息、食欲不振等症状有一定疗效。久服本方可强身健体，对提高机体免疫力有一定疗效。

【膳食服法】餐时服用。

香附配猪皮 活血化瘀，祛斑美容

香附猪皮汤

【食药材】香附5克，当归3克，党参3克，冬菇30克，猪皮200克，盐适量。

【膳食制法】

1. 将香附、党参、当归洗净，装入纱布袋中；猪皮洗净，沸水氽烫沥干切丝；冬菇洗净泡发。

2. 锅中加适量清水，放所有材料，武火煮沸，文火火煮30分钟，去药袋，继续煎煮。

3. 待猪皮烂熟后，加盐调味，即可食用。

【功效与主治】活血化瘀，祛斑美容。适用于经行头痛、雀斑、郁证等疾病。对肝气郁滞、气血亏虚所致的经期头痛、倦怠乏力、情绪低沉、闷闷不乐、食欲不振等症状，以及面部气虚血瘀所致的面部色素增多、面色无华等症状有一定疗效。本方久服，可红润气色、养颜美白、强身健体。

【膳食服法】餐时服用。

香附配猴头菇　理气解郁，温中和胃

香附猴头菇粥

【食药材】香附10克，黑米50克，粳米150克，猴头菇50克。

【膳食制法】

1. 将黑米洗净，用温水浸泡3小时捞出。粳米洗净，猴头菇洗净切粒，香附洗净装入纱布袋。

2. 砂锅内放入适量清水，下入药料包，武火烧开，放入黑米，改用文火煮30分钟，去纱布袋。

3. 下入粳米、猴头菇粒武火烧开，煮至粳米熟烂，即可食用。

【功效与主治】理气解郁，温中和胃。适用于呕吐、泄泻、胃痛、痞满、胁痛、郁证等疾病。对肝胃不和所致的脘腹胀满、两胁胀痛、情绪低沉、时善太息等症状，以及脾胃虚弱所致的胃部冷痛、腹泻便溏、晨起便溏、周身乏力、少气懒言等症状有一定疗效。

【膳食服法】餐时服用。

香附配猪肝　理气解郁，调理气血

香附顺肝汤

【食药材】香附3克，玫瑰花3克，猪肝250克，料酒、盐、葱、姜、油等调味品适量。

【膳食制法】

1. 将猪肝洗净，切成薄片，放入碗中，加入料酒拌匀；葱洗净，切段；姜去皮，切片，备用。

2. 将香附、玫瑰花洗净，入砂锅中，加入清水适量，武火烧开，文火煎煮20分钟，滤渣取汁，备用。

3. 将炒锅至火上，加油少许，将葱和姜煸香，倒入药汁及清水适量，武火烧开，加入猪肝，煮至猪肝变色，加食盐调味，即可食用。

【功效与主治】理气解郁，调理气血。适用于胃痛、痞满、胁痛、雀斑等疾病。对肝气不舒，胃气不和所致的胃部胀闷不舒、两胁胀痛、腹部胀痛、时善太息、食欲不振等症状，以及对气机郁滞所致的面部色素沉着有一定疗效。

【膳食服法】餐时服用。

香附配羊肉　疏肝理气，散结开郁

解郁烤肉

【食药材】香附5克，莪术3克，小茴香3克，陈皮3克，紫花地丁2克，罗汉果1克，当归2克，白芍3克，薄荷3克，白术2克，枳壳2克，蒲公英2克，芫荽籽2克，玫瑰花2克，羊肉1000克，孜然6克，盐、糖等调味品适量。

【膳食制法】

1. 将上述中药洗净、烘干、粉碎至末状，把中药粉与盐、糖混合均匀。
2. 煨羊肉2小时，然后烧烤至肉熟，即可食用。

【功效与主治】疏肝理气，散结开郁。适用于乳岩、乳核等疾病。对情志内伤、肝气郁滞所致的乳房肿块、时有胀痛、质地坚硬、喜善叹息、多愁善感、两胁胀满等症状有一定疗效。现代医学研究表明，本方对乳腺纤维腺瘤、乳腺增生等病症也有一定防治作用。

【膳食服法】餐时服用。

佛手

【来源】芸香科柑橘属植物佛手干燥的果实。

【性味归经】辛、苦,温。归肝、脾、胃、肺经。

【功效与主治】舒肝理气,和胃止痛。适用于肝胃气滞、肝胃不和所致的胸胁胀痛、胃脘痞满、食少呕吐等症状,以及寒湿困脾所致的咳嗽痰多等症状。

【药理成分】含有挥发油、黄酮、香豆素等。

佛手配白糖　舒肝理气，和胃止痛

佛手生姜汤

【食药材】佛手瓜15克，生姜5克，白糖20克。

【膳食制法】
1. 将佛手瓜洗净切宽丝，生姜洗净切碎。
2. 将砂锅加清水适量，武火烧开，以上二味同入锅中。
3. 煎煮至佛手软透，加入白糖，即可食用。

【功效与主治】舒肝理气，和胃止痛。适用于胃痛、胁痛等疾病。对肝胃不和所致的胸闷太息、两胁胀痛、胃痛反酸、呕吐时作等症状有一定疗效。

【膳食服法】餐时服用。

佛手配豆芽　调和肝脾，理气止痛

【食材介绍——豆芽】

豆芽是豆类植物大豆经加工处理后发出的嫩芽，常指绿豆芽和黄豆芽。豆芽含有蛋白质、钾、钙、磷、胡萝卜素、维生素C、纤维素及多种酶等多种成分。中医认为，豆芽味甘、性寒，归胃、三焦经，具有润肠通便、美容排毒、清热除湿的功效。现代医学研究表明，豆芽含有丰富的纤维素，可以有力地促进肠蠕动，具有通便的功效，进而还可有减肥的作用。豆芽含有的多种微量元素和生物活性水，可以美白皮肤，保持皮肤弹性，是良好的养颜食物。豆芽中的硝基磷酸酶具有抗癫痫的功效。豆芽含有干扰素诱生剂，能诱导分泌干扰素，能提高机体抗肿瘤、抗病毒的能力。豆芽含有较多的抗酸性成分，具有抗衰老的作用。豆芽中的多种物质，尤其是大量的天冬氨酸能减少人体内的乳

酸堆积,消除疲劳。一般人均可食用豆芽,尤其适宜于雀斑、黑斑、口角炎、便秘、肿瘤、肥胖、血脂异常症等人群。脾胃虚寒者不宜单独食用。

佛手黄豆芽

【食药材】佛手瓜60克,黄豆芽150克,大葱10克,油、盐等调味品适量。

【膳食制法】

1. 将佛手瓜洗净切宽丝,大葱洗净切段。
2. 炒锅中倒入油并将大葱煸炒后,加入佛手及黄豆芽,武火炒熟。
3. 放入食盐调味,翻炒均匀后即可食用。

【功效与主治】调和肝脾,理气止痛。适用于胃痛、胁痛等疾病。对肝脾不调所致胸闷善太息、两胁胀痛、胃痛反酸、呕吐时作、大便干稀不调等症状有一定疗效。

【膳食服法】餐时服用。

佛手配金针菇　疏肝理气,润肠通便

凉拌佛手瓜

【食药材】佛手瓜1个,胡萝卜30克,金针菇500克,油、盐、糖、生抽等调味品适量。

【膳食制法】

1. 将佛手瓜、胡萝卜洗净切丝,金针菇切去根部并分开,洗净。
2. 砂锅加水烧开后加入金针菇、佛手瓜氽烫,备用。
3. 炒锅加适量油,煸炒胡萝卜至熟。
4. 将佛手瓜、胡萝卜、金针菇盛入盘中,加入盐、糖、生抽调料拌匀,即可食用。

【功效与主治】疏肝理气，润肠通便。适用于便秘、郁证等疾病。对肝气不舒所致的胸闷不适、时善太息、两胁胀满、乳房胀痛、反酸呕吐、大便干结等症状有一定疗效。

【膳食服法】餐时服用。

佛手配猪脊骨　理气止痛，强筋壮骨

佛手猪骨汤

【食药材】佛手瓜500克，猪脊骨200克，草果1个，姜、葱、盐等调味品适量。

【膳食制法】

1. 将猪脊骨洗净放入砂锅中，焯去血水备用。
2. 将猪脊骨放入砂锅，加清水适量，武火烧开，煮沸后撇去浮沫，放入草果、姜片和葱段，改文火煮1小时。
3. 将佛手瓜削皮洗净，切成小块，放入砂锅。
4. 煮至肉、瓜熟烂，放入适量盐调味，即可食用。

【功效与主治】理气止痛，强筋壮骨。适用于便秘、郁证、虚劳等疾病。对肝气不舒所致的时善太息、乳房胀痛、反酸呕吐、大便干结、抑郁不欢等症状，以及肾气亏虚所致的身体虚弱、腰膝酸软等症状有一定疗效。

【膳食服法】餐时服用。

佛手配土豆　疏肝解郁，健脾开胃

干煸佛手土豆丝

【食药材】佛手瓜1个，猪肉50克，土豆100克，葱、蒜、干辣椒、食用油、盐、八角、白醋、生抽等调味品适量。

【膳食制法】

1. 将土豆去皮洗净并切丝，凉水洗去淀粉。锅水烧开焯烫土豆丝。
2. 将佛手瓜洗净切开，切丝。肉、葱、蒜切丝，干辣椒切段，备用。
3. 锅油烧热，加入八角煸炒，去八角，武火爆炒猪肉丝，加醋翻炒到肉发白。
4. 再加佛手瓜丝、葱、蒜、干辣椒、盐、生抽，炒至瓜片变软。
5. 加土豆丝继续炒至熟，即可食用。

【功效与主治】疏肝解郁，健脾开胃。适用于郁证、虚劳等疾病。对肝气不舒所致的胸胁胀满、乳房胀痛、呕吐反酸、大便干结、抑郁不欢等症状，以及肝肾亏虚亏虚所致的身体虚弱、腰膝酸软、倦怠乏力、少气懒言等症状有一定疗效。

【膳食服法】餐时服用。

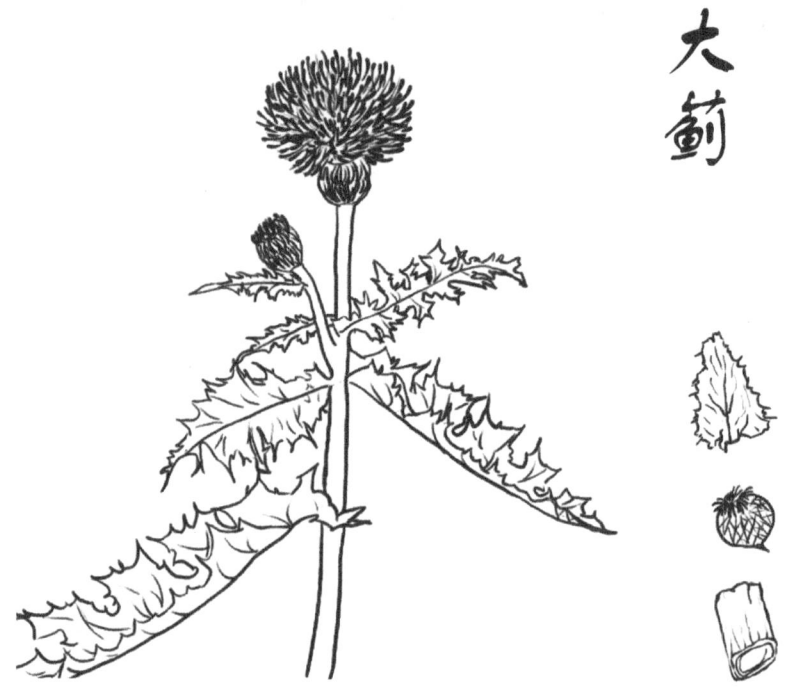

大蓟

【来源】菊科蓟属植物大蓟的地上部分。

【性味归经】甘、苦,凉。归心、肝经。

【功效与主治】凉血止血,祛瘀消肿。适用于血热妄行所致的衄血、吐血、尿血、便血、崩漏下血等症状,以及外伤所致的出血和热毒蕴结所致的痈肿疮毒等症状。

【附注】脾胃虚寒而无瘀滞者不宜单独食用。

大蓟配白糖 清热凉血，固崩止血

大蓟白糖粉

【食药材】鲜大蓟250克，白糖50克。

【膳食制法】

1. 将鲜大蓟洗净切碎并用纱布袋包好，放入砂锅内，加水适量，煎30分钟，去渣取汁。
2. 药汁加入白糖，文火收汁，冷却凉干，轧粉即可食用。

【功效与主治】清热凉血，固崩止血。适用于崩漏、咳血、痔疮等疾病。对血热妄行所致的经血非时而下、量多、色红质稠和口干烦热、大便带血、咳嗽带血等症状有一定疗效。

【膳食服法】开水冲泡，随时服用。

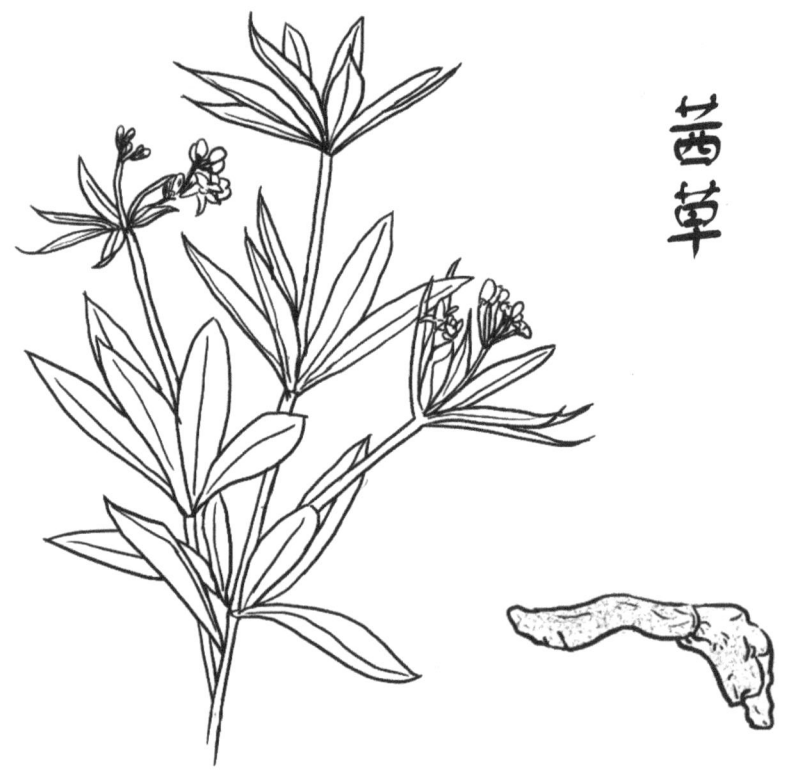

茜草

【来源】茜草科植物茜草干燥的根及根茎。

【性味归经】苦，寒。归肝经。

【功效与主治】凉血活血，祛瘀通经。适用于血热妄行或血热夹瘀所致的吐血、衄血、崩漏下血、外伤出血、经闭瘀阻等症状，以及气滞血瘀所致的跌打伤痛等症状。

【药理成分】含有茜草素、异茜草素、羟基茜草素、伪羟基茜草素、茜草酸、茜草甙、大黄素甲醚等。

【附注】止血宜炒炭用，活血通经宜生用或酒炒用。

茜草配猪蹄　滋阴养血，活血化瘀

茜草猪蹄汤

【食药材】茜草15克，大枣10克，猪蹄400克，盐等调味品适量。

【膳食制法】

1. 将茜草洗净并用纱布包好，猪蹄洗净剁成小块，红枣洗净。

2. 将纱布包、猪蹄、红枣放入砂锅，加清水适量，武火烧开，去浮沫，文火炖30分钟，去药包。

3. 继续煮至猪蹄熟烂后，加食盐调味，即可食用。

【功效与主治】滋阴养血，活血化瘀。适用于腰痛、痹证、扭伤等疾病。对瘀血痹阻、经络不通所致的关节疼痛、各种扭伤、腰膝酸软、气短懒言等症状有一定疗效。

【膳食服法】餐时服用。

【医学分析】膳食中茜草清热凉血、活血散瘀，主治疝气、妇女恶血、伤损瘀血、刀伤后内出血。猪蹄含有丰富的胶原蛋白，可生新肌、敛伤口。大枣既可补气又能补血。三味相配共奏滋阴养血、活血化瘀之效。故服用本品对瘀血阻滞所导致的腰痛、痹证、扭伤等疾病有一定疗效。

茜草配白酒　活血化瘀，通络止痛

茜草酒

【食药材】茜草100克，白酒500克。

【膳食制法】

1. 将茜草捣成粗末，用干净纱布袋包好，扎紧袋口，装入净瓶。
2. 倒入白酒密封，浸泡7天，每天摇晃1次，去药袋，即可饮用。

【功效与主治】活血化瘀，通络止痛。适用于腰痛、痹证、扭伤等疾病。对瘀血痹阻、经络不通或外感风寒湿之邪、气血运行不畅所致的关节疼痛、各种扭伤、腰部疼痛、下肢麻木酸痛等症状有一定疗效。

【膳食服法】适量饮用。

茜草配花生　滋阴清热，补血祛瘀

茜草花生汤

【食药材】茜草15克，炙甘草3克，丹皮5克，白芍5克，黄芩3克，防风3克，玄参5克，生地3克，花生米30克，盐等调味品适量。

【膳食制法】

1. 将茜草、炙甘草、丹皮、白芍、黄芩、防风、玄参、生地洗净，用纱布袋包好，放入砂锅中，加水适量，武火烧开，文火煎煮30分钟，去渣取汁，备用。
2. 砂锅中加入花生米，熬至花生米熟，加食盐适量，即可饮用。

【功效与主治】滋阴清热，补血祛瘀。适用于虚劳、盗汗、喘病及哮证（缓解期）等疾病。对精血亏虚所致的周身乏力、少气懒言、腰膝酸软、潮热汗出、日久咳喘及体质虚弱等症状有一定疗效。

【膳食服法】餐时服用。

茜草配绿茶　活血化瘀，清热利湿

茜草绿茶

【食药材】茜草5克，茵陈2克，生甘草2克，绿茶5克，白糖适量。

【膳食制法】

1. 将茜草、茵陈、生甘草、绿茶洗净共研为末，并用纱布袋包好。
2. 置于保温瓶中，冲入适量沸水，盖闷15分钟。
3. 取清汁，适量加糖，即可饮用。

【功效与主治】活血化瘀，清热利湿。适用于黄疸等疾病。对肝经湿热所致的食少疲惫、厌食油腻、身黄目黄、小便黄等症状有一定疗效。现代医学研究表明，本方对肝炎有一定防治作用。

【膳食服法】代茶饮。

【来源】香蒲科植物东方香蒲、水烛香蒲或同属植物干燥的花粉。

【性味归经】甘，平。归肝、心包经。

【功效与主治】凉血止血，活血消瘀。适用于多种原因所致的经闭腹痛、产后瘀阻作痛、跌扑血瘀、疮疖肿毒、吐血、衄血、崩漏、泻血、尿血、血痢、带下等症状。外用适用于口舌生疮、耳中出血、流脓、阴下湿痒等症状。

【附注】无瘀血者不宜单独食用。

蒲黄配茭白　清胃润肺，清热解毒

蒲黄茭白

【食药材】生蒲黄3克，鲜茭白500克，白糖10克，香油3克，蜂蜜50克，淀粉等调味品适量。

【膳食制法】

1. 将蒲黄用纱布袋包好，放入砂锅，加清水适量，武火烧开，文火煎煮30分钟，去渣取汁，备用。

2. 将茭白洗净切段备用。

3. 起炒锅，放入香油、白糖炒成黄色，加药汁及适量开水，加入蜂蜜、茭白段，煮沸后文火焖烂，捞茭白段。

4. 锅内汁加适量淀粉勾芡，浇在茭白段上即可食用。

【功效与主治】清胃润肺，清热解毒。适用于口疮、便秘等疾病。对肺胃热盛所致的咽喉疼痛、口部溃疡、口舌干燥、大便干结、烧心反酸等症状有一定疗效。

【膳食服法】餐时服用。

蒲黄配大白菜　滋阴清热，活血化瘀

蒲黄白菜饮

【食药材】蒲黄6克，荷叶2克，生地黄2克，牡丹皮2克，延胡索3克，大白菜300克，蜂蜜适量。

【膳食制法】

1. 将洗净的荷叶、生地黄、牡丹皮、延胡索烘干打细粉，与蒲黄共用纱布袋包好，放入砂锅。

2. 将大白菜洗净，切丝，共入砂锅，加清水适量，武火烧开，文火煎煮30分钟，去渣取汁。

3. 药汁加入蜂蜜调匀，即可饮用。

【功效与主治】滋阴清热，活血化瘀。适用于围绝经期综合征、产后恶露不净等疾病。对肝肾精血亏虚所致的潮热汗出、腰膝酸软、双目干涩、心烦易怒、两胁胀痛、时善太息等症状，以及产后瘀血阻滞所致的恶露淋漓不尽等症状有一定疗效。

【膳食服法】代茶饮。

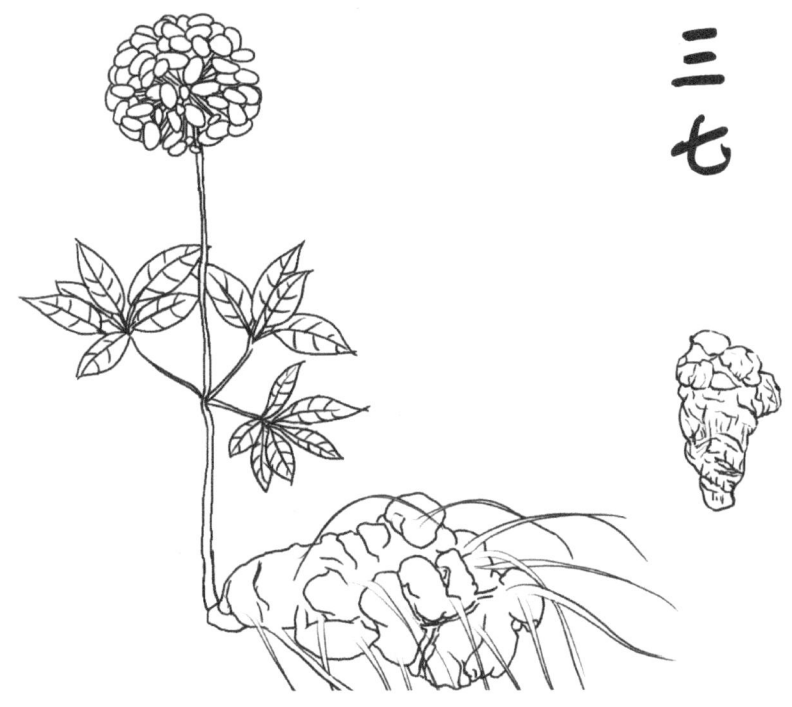

三七

【来源】五加科植物三七干燥的根和根茎。

【性味归经】甘、微苦，温。归肝、胃经。

【功效与主治】活血祛瘀，止血止痛。适用于衄血、吐血、咯血、跌打损伤、便血、子宫出血、产后血瘀腹痛等症状。

【药理成分】含有皂甙、黄酮酸、氨基酸、葡萄糖等。

【附注】孕妇不宜食用。

三七配鸡蛋　止血化瘀，补益气血

三七蛋汤

【食药材】三七粉3克，藕汁150毫升，鸡蛋1枚，食盐等调味品适量。

【膳食制法】

1. 将莲藕汁煮沸。
2. 将三七粉与鸡蛋调匀入沸汤中。
3. 加食盐调味，即可食用。

【功效与主治】止血化瘀，补益气血。适用于血证等疾病。对瘀血阻滞所致的吐血咳血、崩漏便血等多种失血症状有一定疗效。

【膳食服法】餐时服用。

【附注】本方于失血急性期不宜食用。

三七配猪心　止血化瘀，消肿止痛

三七炒猪心木耳

【食药材】三七粉10克，猪心200克，蛋清30克，黑木耳10克，淀粉10克，白糖、食盐、胡椒粉、生抽、姜末、料酒、香油等调味品适量。

【膳食制法】

1. 将洗净的猪心切成薄片放碗内，加入蛋清、食盐、胡椒粉、淀粉腌制。木耳温水泡发。
2. 将三七粉、料酒、生抽、白糖、姜末加水兑成料汁备用。

3. 炒勺内放油适量，烧至5成熟时，猪心片放入油中，倒入漏勺内。

4. 在原热炒勺内留底油，放适量姜末，待炒香味后，把滑好的猪心片、木耳倒入并翻炒。

5. 将碗内卤汁倒入勺内，翻炒均匀，淋上香油，即可食用。

【功效与主治】化瘀止痛，消肿止痛。适用于胸痹、心悸、胁痛、扭伤等疾病。对瘀血痹阻胸阳所致的胸闷气短、心前区压痛、心慌不适、活动后胸闷加重、肋软骨疼痛、少气懒言、倦怠乏力等症状，以及扭伤后局部疼痛症状有一定疗效。

【膳食服法】餐时服用。

三七配鸡肉　益气健脾，活血止痛

三七蒸鸡

【食药材】三七粉10克，鸡胸脯肉300克，食盐、葱丝、姜丝等调味品适量。

【膳食制法】

1. 将三七粉、食盐、葱丝、姜丝与鸡胸肉搅拌均匀。
2. 放入蒸锅中，隔水密闭蒸熟，即可食用。

【功效与主治】活血止血，补血养阴。适用于胁痛、扭伤、恶露不行等疾病。对瘀血痹阻所致的产后腹痛、恶露不行、外伤肿痛、胸胁疼痛等症状有一定疗效。

【膳食服法】餐时服用。

三七炖公鸡

【食药材】三七片20克，公鸡肉500g，葱段3克，姜2克，黄酒、食盐、白糖、花椒、香油等调味品适量。

【膳食制法】

1. 将鸡洗净切块，放入锅内焯制，捞出备用。

2. 将鸡放入砂锅内，加入洗净的三七、黄酒、花椒、食盐、白糖、葱段、姜片，加水适量。

3. 武火烧开，文火炖至鸡熟，拣去葱段、姜片、三七，加香油即可食用。

【功效与主治】益气健脾，活血止痛。适用于虚劳、胸痹、心悸等疾病。对气血亏虚、心神失养所致的胸闷气短、活动后加重、心前区不适、偶有心慌、少气懒言、倦怠乏力等症状有一定疗效。

【膳食服法】餐时服用。

【附注】孕妇禁服。

【医学分析】膳食中雉动物雄鸡的肉含蛋白质、脂肪、多种维生素，味甘性温，归脾、胃经，可补气养血。三七性温，味甘微苦，归肝、胃经，有止血不留瘀的特点。黄酒可作为引药，可使药物直达肝脾二经。三味相配共奏益气健脾、活血止痛之功效。故服用本品对于血不归经所致的吐血、咳血、衄血、便血、血痢、崩漏、外伤出血及病后气血双亏等症状有一定疗效。

三七蒸母鸡

【食药材】三七20克，母鸡肉1500克，黄酒50克，葱30克，姜10克，盐等调味品适量。

【膳食制法】

1. 将母鸡洗净切块，放入锅内焯制，捞出备用。

2. 将鸡肉放入蒸盘内，加入洗净的三七、黄酒、食盐、葱段、姜片，加水适量。

3. 武火烧开，文火蒸至鸡熟，拣去葱段、姜片、三七，加葱花调味，即可食用。

【功效与主治】益气补血，美容养颜。适用于产后血虚、贫血、雀斑等疾病。对气血亏虚所致的久病体虚及产后疲惫、面色萎黄、暗淡无光、色素沉着等症状有一定疗效。

【膳食服法】餐时服用。

三七配北虫草 益气养心，活血通络

【食材介绍——北虫草】

北虫草是北冬虫夏草的简称，也叫蛹虫草或蛹草，是虫、菌结合的药用真菌。虫草体内含虫草素、虫草多糖、脂肪、蛋白质、碳水化合物、钠、钾、铁等多种成分。中医认为，北虫草味甘，性平，归肺、肾经，具有滋肺补肾、止咳化痰的功效。现代医学研究表明，北虫草中有大量人体所需的微量元素，还含有丰富的蛋白质及氨基酸。北虫草食用和药用价值可媲美传统的冬虫夏草，是冬虫夏草的最理想代用品。北冬虫夏草可以起到抑制葡萄球菌、结核杆菌的作用；能提高人体细胞免疫功能，升高白细胞；还有平喘的功效。北虫草对神经系统也有良好的调节作用，可以起到镇静、安眠的效果。一般人均可食用北虫草，尤其适宜于咳嗽、咳痰、失眠、免疫功能低下、肾结核、肾功能不全、阳痿、遗精、神经衰弱等人群。

冠心活络除痹酒

【食药材】三七20克，北虫草10克，当归5克，红花5克，橘络5克，党参5克，川芎3克，薤白3克，白酒1000克。

【膳食制法】

1. 将三七、北虫草、当归、红花、橘络、党参、川芎、薤白共捣为粗末，用纱布袋包好，放入净瓶。
2. 将白酒倒入瓶中浸泡15天，每天摇晃1次，去除药包，即可饮用。

【功效与主治】益气养心，活血通络。适用于胸痹、心悸、胁痛等疾病。对瘀血痹阻胸阳所致的胸闷气短、活动后加重、心前区不适、偶有心慌、肋软骨疼痛、少气懒言、倦怠乏力等症状有一定疗效。现代医学研究表明，本方对冠心病、动脉硬化、血脂异常症有一定防治作用。

【膳食服法】适量饮用。

三七配鹿肉 健脾温肾，益气温阳

【食材介绍——鹿肉】

鹿肉是鹿科动物梅花鹿或马鹿的肉。鹿肉是高蛋白、低脂肪、低胆固醇的肉食品，其肉嫩质细，味道鲜美，易于被人体消化吸收。鹿肉含有蛋白质、脂肪、无机盐、多种维生素、磷、钾等多种成分。中医认为，鹿肉味甘、性温，入脾、肾经，具有补中益气、温肾壮阳、养血下乳的功效。现代医学研究表明，鹿肉富含优质蛋白、低含量脂肪、低胆固醇及多种生物活性物质，这些成分有利于人体循环系统，并对神经系统有良好的调节作用。一般人均可食用鹿肉，尤其适宜于体虚久病、头昏耳鸣、腰酸腿软、乳汁不下、阳痿遗精、血脉不通、手足不温者及老年人群。阴虚阳亢、阳盛内热、感染发热、有外伤者不宜单独食用。

鹿肉三宝汤

【食药材】三七5克，山药30克，鹿肉250克，盐等调味品适量。

【膳食制法】

1. 将山药洗净轧细，三七洗净打粉，共用纱布包好。鹿肉洗净切块，入水氽一下。

2. 将山药及三七粉纱布包同鹿肉共入砂锅中，加水适量，武火烧开，文火煮至肉熟，加食盐、葱花调味，即可食用。

【功效与主治】健脾温肾，益气温阳。适用于腰痛、虚劳、阳痿等疾病。对脾肾阳虚所致的畏寒肢冷、腰膝酸软、周身无力、少气懒言、性功能减退等症状有一定疗效。

【膳食服法】餐时服用。

川芎

【来源】伞形科植物川芎干燥的根茎。

【性味归经】辛,温。归肝、胆、心包经。

【功效与主治】活血行气,祛风止痛。适用于风冷所致的头痛眩晕、痈疽疮疡等症状,以及气滞血瘀所致的经闭痛经、月经不调、癥瘕腹痛、胸胁刺痛、跌扑肿痛、经行头痛等症状。

【药理成分】含有生物碱、挥发油、脂肪油、内脂素以及维生素A、甾醇、叶酸、蔗糖等。

【附注】阴虚火旺者不宜单独食用。孕妇慎用。

川芎配胖头鱼 活血通络，散风止痛

川芎白芷炖鱼头

【食药材】川芎6克，白芷3克，胖头鱼头200克，生姜、葱、食盐、料酒等适量。

【膳食制法】

1. 将川芎、白芷洗净并用纱布包好，胖头鱼头去鳃洗净。
2. 将纱布包和鱼头放入铝锅内，加生姜、葱、食盐、料酒、水适量。
3. 把铝锅置武火上烧沸，再用文火炖熟即成，加适量葱花调味，即可食用。

【功效与主治】活血通络，散风止痛。适用于头痛、眩晕、中风（缓解期）、痹证等疾病。对风寒侵袭头部所致的头部冷痛、时有头晕、恶寒发热等症状，以及瘀血痹阻所致的头部刺痛、偶有头晕、局部疼痛、固定不移等症状有一定疗效。

【膳食服法】餐时服用。

川芎配白酒 活血行气，通络止痛

【食材介绍——白酒】

白酒是由淀粉或者糖质原料经酒醅或发酵后蒸馏而得，白酒含有水、乙醇、醛类、羧酸、酯类、酸类等多种成分。中医认为，白酒味辛、甘、苦，性温，归心、肝、肺、胃经，具有温经活血、增强药性、消食解乏、舒畅情志的功效。在中医学中，"酒为诸药之长"，酒可以行药势，能使具有补虚功效的相关中药补而不滞，也有助于具有理气活血相关功效的中药发挥作用。现代医学研究表明，适时饮用适量白酒能扩张小血管，加速血液循环，从而延缓血管壁上的脂质附着，有利于保护心脑血管；酒精的麻痹作用，能减轻或消除人体的疼痛感。适量饮酒能消除人体疲劳状态，缓解紧张情绪。酒精能促进机体的血液循环，进而促进人体的新陈代谢。一般人均可饮用，尤其适宜于筋脉挛急、心腹冷痛、风寒痹痛等人群。酒精过敏者、儿童、孕产妇、哺乳期妇女及肝胆疾病、消化道疾病、泌尿系结石等患者不宜单独饮用。

补气养血酒

【食药材】川芎20克，人参5克，当归5克，补骨脂5克，白芍5克，熟地5克，生地5克，天冬10克，麦冬10克，茯苓5克，柏子仁5克，石菖蒲5克，砂仁3克，远志5克，木香3克，白酒2000克。

【膳食制法】

1. 将川芎、人参、当归、补骨脂、白芍、熟地、生地、天冬、麦冬、茯苓、柏子仁、石菖蒲、砂仁、远志、木香用纱布袋包好，置于净器皿中。

2. 以白酒2000克浸之，放置7天，每天摇晃两次，7天后捞出药包，即可饮用。

【功效与主治】活血行气，益肾健脾。适用于腰痛、痹证、不寐、心悸、痴呆等疾病。对气血不足、脾胃虚弱所致的心慌气短、记忆力减退、腰部无力、周身疼痛、头目晕花、倦怠乏力、少气懒言等症状有一定疗效。

【膳食服法】适量饮用。

川芎配绿茶　活血行气，祛风止痛

川芎绿茶

【食药材】川芎3克，绿茶5克。

【膳食制法】

1. 将川芎洗净并用纱布袋包好，放入砂锅，加水适量，武火烧开，文火煎煮30分钟，捞出药包，去渣取汁。

2. 取药汁冲泡绿茶，即可饮用。

【功效与主治】活血行气，祛风止痛。适用于月经不调、胸痹心痛、头痛等疾病。对风寒侵袭、瘀血痹阻所致的月经先后不定、胸闷不适、头部刺痛或头部紧痛、畏寒恶风等症状有一定疗效。

【膳食服法】代茶饮。

【附注】孕妇及失眠者不可服。

【医学分析】膳食中川芎性味辛温、芳香走窜，是活血行气、祛风止痛之要药，长于通经止痛和活血祛瘀，作用部位广泛，上行头目，下行血海，中开郁结，旁达四肢，对各种以疼痛为主的瘀血证及妇女月经失调均有明显作用。川芎亦是行气解郁之佳品，对肝郁气滞之胸腹胁肋胀满作痛颇有良效。前人谓其为"血中之气药"，对肝郁血瘀之证尤为相宜。此外还善祛头风、止头痛，对血瘀、血虚、风寒、风湿、风热等所致的头痛皆可选用。李东垣认为："头痛须用川芎。"绿茶苦寒，善清利头目，为我国特产饮料。唐代《茶赋》赞誉本品："滋饭蔬之精素，攻肉食之膻腻，发当暑之清吟，涤通宵之昏寐。"现代医学研究表明，本品能增强毛细血管的韧性，降低血清胆固醇，防治动脉硬化，改善心脏机能等。两味相配寒温和调，升降相济，使川芎辛温而不燥烈，升散而不耗伤，共奏活血行气、祛风止痛之效。故服用本品对血瘀气滞所致的月经不调、胸痹心痛、头痛等疾病有一定疗效。本品所含川芎嗪能扩张血管，增加冠状动脉血流量，改善微循环及抑制血小板聚集；且能通过血脑屏障，在脑干分布较多；川芎浸膏能兴奋子宫，使子宫收缩增强。本品对痉证、痛证、高血压症有一定疗效。

姜黄

【来源】姜科植物姜黄干燥的根茎。

【性味归经】辛、苦，温。归肝、脾经。

【功效与主治】破血行气，通经止痛。适用于气滞血瘀所致的心腹痞满胀痛、臂痛、妇女血瘀经闭、产后瘀停腹痛等症状，以及外伤所致的跌扑伤痛、瘀肿疼痛等症状。

【药理成分】含有挥发油、姜黄素、果糖、葡萄糖、脂肪油、淀粉、草酸盐等。

【附注】血虚而无气滞血瘀者不宜单独食用。

姜黄配猪肉 滋阴养血，通经止痛

姜黄猪肉汤

【食药材】鲜姜黄10克，猪肉100克，盐等调味品适量。

【膳食制法】

1. 将姜黄洗净切片，猪肉洗净切块，两者同时入砂锅，加清水适量。
2. 用文火炖至肉烂，加适量盐调味，即可食用。

【功效与主治】滋阴养血，通经止痛。适用于经闭或产后腹痛、颈椎病等疾病。对气血亏虚所致的月经过迟或不来、产后腹部不适、颈部酸痛或伴有上肢麻痛、周身乏力、少气懒言等症状有一定疗效。

【膳食服法】餐时服用。

姜黄配牛肉 益气养血，通络止痛

姜黄炒牛肉

【食药材】姜黄粉3克，牛里脊200克，青红辣椒2个，青柠1个，香茅2根，大蒜2瓣，盐、生抽、油等调味品适量。

【膳食制法】

1. 将牛里脊洗净切薄片，用青柠汁腌制15分钟。
2. 将香茅洗净去掉外面的老皮和上面绿色部分，只留下面的白色和淡绿色部分并切碎。大蒜切碎。将青红辣椒切块儿。
3. 热锅里下油，爆香茅和大蒜，下牛肉。
4. 炒至牛肉开始变色时下青红辣椒翻炒，加姜黄粉、盐、生抽等调味，挤少许青柠汁，拌匀即可食用。

【功效与主治】益气养血,通络止痛。适用于汗证、虚劳、痹证等疾病。对气血亏虚所致的动后汗多、容易感冒、头晕眼花、失眠健忘、倦怠乏力、少气懒言等症状,以及气滞血瘀不能濡养机体所致的局部疼痛等症状有一定疗效。

【膳食服法】餐时服用。

姜黄配粳米　补中益胃,行气止痛

姜黄虾仁炒饭

【食药材】姜黄粉3克,隔夜白米饭一碗,洋葱15克,西红柿500克,虾仁20克,盐、葱花等调味品适量。

【膳食制法】

1. 将西红柿洗净,并在其顶端、底部轻划十字后放入滚水中,待表皮裂开,放入冷水中去皮。

2. 将洋葱洗净切块,西红柿切块。

3. 起油锅,炒香洋葱后再依序加入西红柿、虾仁、米饭拌炒。

4. 加入姜黄粉、盐、葱花调味,翻炒均匀即可食用。

【功效与主治】补中益胃,行气止痛。适用于胃痛、痞满及痹证等疾病。对脾胃气虚所致的脘腹胀满、胃部冷痛、倦怠乏力、少气懒言等症状,以及气滞血瘀不能濡养身体所致的局部疼痛症状有一定疗效。

【膳食服法】餐时服用。

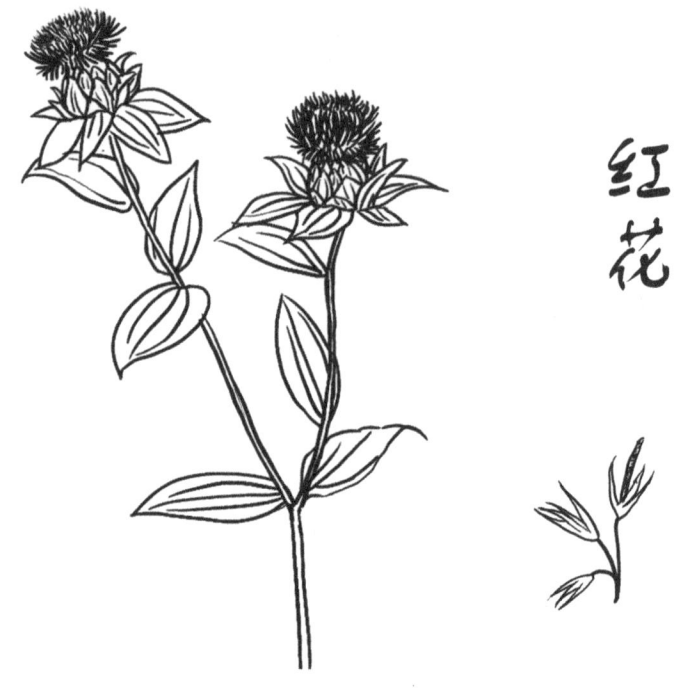

红花

【来源】菊科植物红花干燥的花。

【性味归经】辛,温。归心、肝经。

【功效与主治】活血通经,祛瘀止痛。适用于血瘀所致的经闭、难产、死胎、产后恶露不行、瘀血作痛等症状,以及瘀热郁滞所致的斑疹色暗和外伤所致的跌打伤痛、瘀滞肿痛等症状。

【药理成分】含有红花黄色素、红花苷、新红花苷、红花醌苷、黄色素等。

【附注】孕妇忌用。

红花配玉米面　益气活血，醒脾养心

【食材介绍——玉米面】

玉米面是由禾本科玉蜀黍的种子加工而成的食品，营养价值与玉米几乎相同。玉米面（玉米）含有卵磷脂、纤维素、亚油酸、维生素E、谷物醇、硒、钙、铁等多种成分。中医认为，玉米面味甘，性平，归胃经、大肠经，具有调中开胃、利尿消肿、益肺宁心的功效。现代医学研究表明，玉米面完全保留了玉米的营养成分和调理功能。玉米面富含具有抗癌作用的谷胱甘肽、赖氨酸、硒等物质，对于防癌、抗癌有重要作用。玉米面富含能够促进肠道蠕动的膳食纤维，可以加速食物通过消化道。玉米面中含有亚油酸和维生素E，能降低胆固醇，进而降低动脉硬化的发生几率。玉米面中含较多的钙和铁，可防治高血压、冠心病。一般人均可食用玉米面，尤其适合于有记忆力减退、慢性肾炎水肿、便秘、癌症、肥胖症、血脂异常症、营养不良、动脉硬化、高血压、冠心病、糖尿病等的中老年人。

红花通络饼

【食药材】红花15克，地龙5克，生黄芪5克，当归5克，赤芍5克，川芎6克，桃仁3克，玉米面400克，小麦面100克，白糖等调味品适量。

【膳食制法】

1. 将干地龙洗净，烘干研细末备用；桃仁煮去皮尖，略炒，备用。

2. 将红花、生黄芪、当归、赤芍、川芎用纱布包好，入砂锅加水适量，武火烧开，文火煎煮30分钟，煎煮成浓汁，拣出药包，去渣备用。

3. 将地龙粉、玉米面、小麦面、白糖一同入药汁中调匀和作面团，制成圆饼，将备用桃仁均匀撒饼上，入笼屉蒸熟，即可食用。

【功效与主治】益气活血，通络止痛。适用于中风（脑梗死及脑出血缓解期）及痹证等疾病。对气血亏虚所致的肢体活动不利、倦怠乏力、少气懒言等症状，以及气血亏虚、不能濡养身体所致的局部疼痛、关节不适等症状有一定疗效。本方对中风后遗症病人也有一定作用。

【膳食服法】餐时服用。

红花配红糖　活血调经，通络止痛

红花三味酒

【食药材】红花10克，苏木5克，当归5克，白酒300克，红糖50克。

【膳食制法】

1. 将当归、红花、苏木用纱布袋包好。
2. 将药包与白酒一同煎至酒沸，捞出药包并滤渣取汁，调入红糖，即可饮用。

【功效与主治】活血调经，通络止痛。适用于月经不调、经行腹痛、痹证等疾病。对气滞血瘀、阻滞胞宫所致的月经先后不定、经行疼痛等症状，以及气滞血瘀、不能濡养机体所致的关节疼痛症状有一定疗效。

【膳食服法】餐时服用。

【附注】孕妇禁服。

【医学分析】膳食中红花辛散温通，是行血去瘀之要药，凡内、妇、外、伤各种瘀血疼痛证，无不相宜。本品小剂量行血调经，大剂量则破血逐瘀，即《本草衍义补遗》所谓"多用则破血，少用则养血"。故《本草汇言》认为："红花乃破血、行血、和血、调血之药也，主胎产百病因血为患……非红花不能调。"苏木性味辛平，"功用有类红花，少用则能和血，多用则能破血"（《本草求真》）。"凡祛一切凝滞留结之血，妇人产后尤为所须耳。"（《本草经疏》）亦为常用于妇女血气胸腹疼痛、月经不调及外伤瘀滞。当归甘补辛温，既善补血，又可活血温经止痛。《本草正》谓其"补中有动，行中有补，诚血中之气药，亦血中之圣药"。主多种血病，前人素有"血药不容舍当归"之说。集三种活血调经、祛瘀止痛的重要药物于一体，且辅以白酒、红糖助其药力，并矫药味，通中有补，消而不伤，活血调经止痛之效颇佳。五味相配共奏活血调经、通络止痛之效。服用本品对气滞血瘀所致的月经不调、行经腹痛、痹证等疾病有一定疗效。

红花配白酒　祛瘀散寒，通经止痛

红花酒

【食药材】红花30克，白酒500毫升。

【膳食制法】

1. 把红花洗净，烘干并用纱布袋包好。
2. 在白酒内浸泡7日，每天摇晃1次，即可饮用。

【功效与主治】祛瘀散寒，通经止痛。适用于月经不调、经行腹痛、痹证等疾病。对寒凝血瘀、瘀血阻滞胞宫所致的月经延后、量少色黯、少腹冷痛、经行疼痛等症状，以及寒凝血瘀、不能濡养机体所致的关节疼痛等症状有一定疗效。

【膳食服法】适量饮用。

【医学分析】膳食中红花行血去瘀，以白酒温通血脉而助红花之药力且矫其药味，两味相配共奏祛瘀散寒、通经止痛之效。使用本品对寒凝血瘀导致的月经不调、行经腹痛、痹证疼痛等疾病有一定疗效。

【附注】月经过多者不宜服用。

红花配牛肉　活血润燥，祛瘀通经

红花白菜炖牛肉

【食药材】红花10克，牛肉500克，马铃薯50克，胡萝卜50克，洋葱20克，西红柿汁半杯，小白菜50克，盐、胡椒等调味品适量。

【膳食制法】

1. 将牛肉洗净并切为两大块，红花洗净并用纱布袋包好，在锅内放适量水，武火烧开，文火共煮30分钟，撇去浮沫，取出药包。

2. 将胡萝卜洗净切块放入，待胡萝卜煮软，放入马铃薯及洋葱，倒入西红柿汁，继续文火煎煮。

3. 煮至牛肉熟透，取出切成小块，再放入锅内，加入盐等调味，盖锅再煮。煮开时，加入小白菜，略煮片刻，加胡椒粉、盐调味，即可食用。

【功效与主治】活血润燥，祛瘀通经。适用于痛经、产后腹痛、痹证等疾病。对精血亏虚、胞宫失养所致的月经延后、量少色黯、少腹冷痛、行经疼痛等症状，以及扭伤、瘀血阻滞所致的局部关节疼痛等症状有一定疗效。

【膳食服法】餐时服用。

【附注】孕妇及经期月经量多者不宜食用。

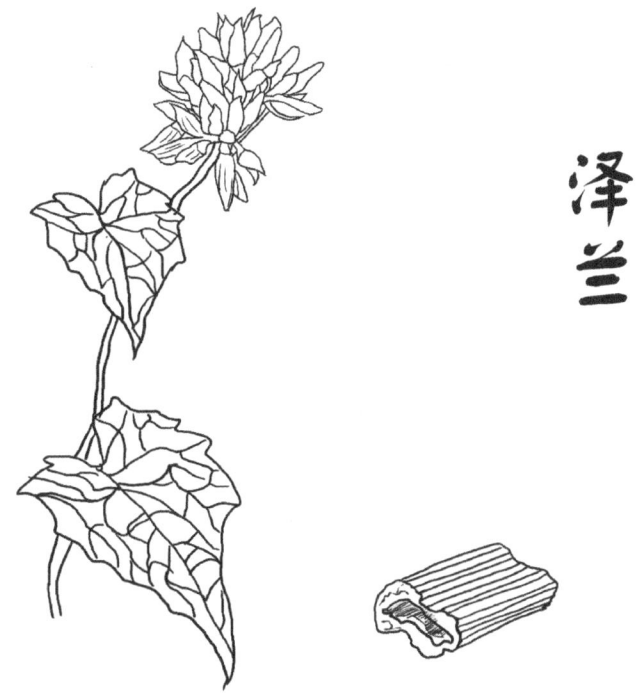

【来源】唇形科植物毛叶地瓜苗干燥的地上部分。

【性味归经】苦、辛，微温。归肝、脾经。

【功效与主治】活血调经，利水消肿。适用于血瘀所致的经闭、产后瘀滞腹痛、癥瘕、跌扑损伤等症状，以及水瘀互阻所致的身面浮肿、腹水身肿等症状。

【药理成分】本品主要含挥发油及糖类。糖类主要包括半乳糖、泽兰糖、水苏糖、棉子糖、蔗糖等。

【附注】无瘀血者不宜单独食用。

泽兰配粳米　活血祛瘀，调经行血

泽兰粳米粥

【食药材】泽兰10克，粳米100克，盐适量。

【膳食制法】

1. 将泽兰洗净并用纱布袋包好，放入砂锅，加适量清水，武火烧开，文火煎煮30分钟后，捞出药包，去渣取汁。

2. 将粳米洗净与药汁同入砂锅，加清水适量，煮至粥熟烂，即可食用。

【功效与主治】活血祛瘀，调经行血。适用于闭经、产后腹痛、扭伤等疾病。对瘀血阻滞所致的妇女月经过迟或闭经、产后瘀血腹痛、身面浮肿、小便不利等症状，以及扭伤所致的局部瘀血、疼痛青紫等症状有一定疗效。

【膳食服法】餐时服用。

泽兰配绿茶　活血祛瘀，健脾理气

泽兰红枣绿茶

【食药材】泽兰3克，红枣5个，绿茶5克。

【膳食制法】

1. 将泽兰洗净用纱布包好放入杯中。

2. 加入红枣5枚，用沸水冲泡10分钟后，加入绿茶，即可饮用。

【功效与主治】活血祛瘀，健脾理气。适用于闭经、产后腹痛、扭伤等疾病。对瘀血闭阻、气虚血瘀所致的妇女月经过迟或闭经、产后瘀血腹痛、身面浮肿、小便不利或伴有周身乏力、少气懒言、时有汗出等症状有一定疗效。

【膳食服法】代茶饮。

泽兰配黑鱼　散瘀消肿，通经活络

泽兰炖黑鱼

【食药材】泽兰10克，黑鱼800克，生姜、葱、食盐、料酒等调味品适量。

【膳食制法】

1. 将黑鱼去鳃及内脏，洗净。泽兰洗净并用纱布包好。
2. 将药包和黑鱼放入锅内，加清水适量，武火烧开，加入生姜、葱、食盐、料酒。
3. 文火炖熟，即可食用。

【功效与主治】散瘀消肿，通经活络。适用于痹证、水肿、消渴、心悸等疾病。对瘀血闭阻、气虚血瘀所致的局部疼痛、胸部刺痛、固定不移、下肢浮肿、四肢麻木等症状有一定疗效。现代医学研究表明，本方对肝硬化腹水、心衰水肿、糖尿病病变有一定防治作用。

【膳食服法】餐时服用。

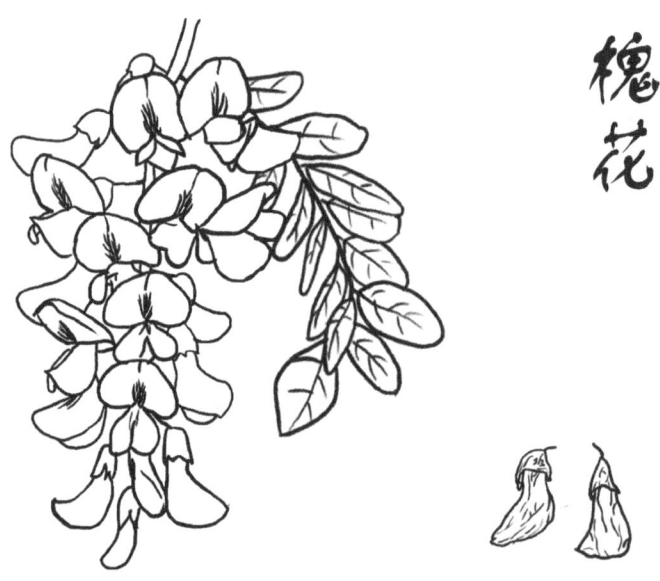

槐花

【来源】豆科植物槐干燥的花和花蕾。

【性味归经】苦,微寒。归肝、大肠经。

【功效与主治】清热泻火,凉血止血。适用于血热妄行所致的便血、痔血、尿血、血淋、崩漏、衄血、赤白痢下、风热目赤、痈疽疮毒等症状。

【药理成分】含有芸香苷、槲皮素、鞣质等。

【附注】脾胃虚寒者不宜单独食用。

槐花配粳米　清泄火热，凉血止血

槐花粳米粥

【食药材】槐花15克，粳米100克，红糖适量。

【膳食制法】
1. 将槐花洗净并研末，粳米淘洗干净。
2. 将粳米放入砂锅，武火烧开，文火慢熬。
3. 待将熟时加入槐花末、红糖熬煮10分钟，即可食用。

【功效与主治】清泄火热，凉血止血。适用于痔疮、肛裂、便血等疾病。对肠道湿热所致的痔疮出血、肛裂下血、肛门灼热、腹痛便秘及其他大便带血等症状有一定疗效。

【膳食服法】餐时服用。

槐花配豆芽　清泄火热，化痰除湿

槐花绿豆芽馅饼

【食药材】鲜槐花200克，海米50克，绿豆芽200克，面粉500克，植物油20克，葱花25克，食盐5克，麻油5克。

【膳食制法】
1. 将槐花洗净下开水入锅焯。海米用水浸泡15分钟，剁碎。绿豆芽洗净入沸水烫，捞出控干，切段。
2. 面粉放入盆内，加适量水和成软面团。
3. 起炒锅，放油烧热，下葱花、槐花、绿豆芽、海米末煸炒，调入食盐炒匀，淋上麻油，出锅晾凉，调馅。

4. 把面剂分别摊成片，把菜馅包入，按成小圆饼状。

5. 起平底锅，锅底擦食用油，放上饼坯，烙至两面金黄，即可食用。

【功效与主治】清泄火热，化痰除湿。适用于痔疮、肛裂、便血等疾病。对肠道及脾胃湿热所致的痔疮出血、肛裂下血、肛门灼热、大便秘结、大便黏腻及肠道出血等症状有一定疗效。

【膳食服法】餐时服用。

槐花配豆腐　凉血止血，化浊降脂

槐花豆腐

【食药材】槐花15克，海米10克，蛋清1个，嫩豆腐150克，葱、姜、食盐等调味品适量。

【膳食制法】

1. 将海米洗净，槐花洗净，豆腐洗净切成颗粒状。

2. 将槐花、蛋清、豆腐与葱、姜、食盐等调味品拌匀。

3. 锅中倒油烧热，豆腐等下锅炒熟，即可食用。

【功效与主治】凉血止血，化浊降脂。适用于痔疮、肛裂、便血等血证及眩晕等疾病。对肠道及脾胃湿热之邪所致的痔疮出血、肛裂下血、肠道出血，以及湿邪困阻所致的时有头晕、周身困重、双下肢沉重等症状有一定疗效。现代医学研究表明，本方对血脂异常症有一定防治作用。

【膳食服法】餐时服用。

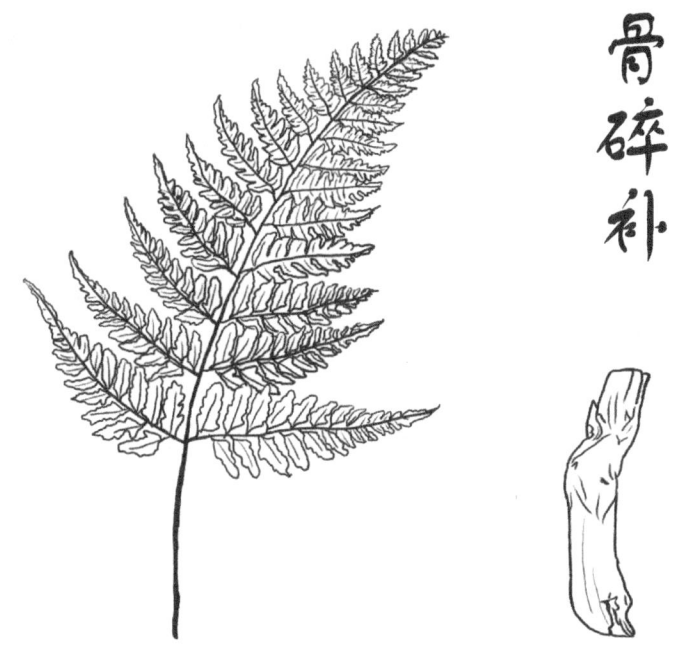

骨碎补

【来源】水龙骨科植物槲蕨干燥的根茎。

【性味归经】苦,温。归肾、肝经。

【功效与主治】补益肝肾,活血止痛。适用于肝肾亏虚、血行不利所致的耳鸣、腰腿疼痛、风湿痹痛、周身乏力、耳轮焦枯、跌打闪挫、骨折等症状。

【药理成分】含有柚皮苷、羊齿烯、骨碎补双氢黄酮苷等。

【附注】阴虚火旺者不宜单独食用。

骨碎补配猪肾　补益脾肾，温阳助泻

骨碎补猪肾

【食药材】骨碎补10克，当归5克，党参5克，猪肾500克，生抽、醋、姜、蒜、香油等调味品适量。

【膳食制法】

1. 将猪肾洗净切开并剔去筋膜，洗净控血。当归、党参、骨碎补洗净用纱布袋包好。

2. 将洗净的猪肾置于砂锅，放入药包，加水适量，武火烧开，文火炖猪肾至熟透。

3. 捞出猪肾，切成薄片，放在平盘上加入适量生抽、醋、姜丝、蒜末、香油等调味，即可食用。

【功效与主治】补益脾肾，温阳助泻。适用于痹证、泄泻、虚劳等疾病。对脾肾亏损所致的周身疼痛、腰膝酸软、畏寒肢冷、大便溏薄、久泄不止、晨起五更便溏、活动后汗出、周身乏力、倦怠懒言等症状有一定疗效。

【膳食服法】餐时服用。

骨碎补配猪脊骨 补肾强骨,疗伤止痛

骨碎补猪骨汤

【食药材】骨碎补15克,丹参5克,猪脊骨1000克,黄豆150克,葱花、姜末、食盐、料酒等调味品适量。

【膳食制法】

1. 将骨碎补、丹参洗净并放入纱布袋中。黄豆淘洗干净,放入温水中浸泡1小时。

2. 将猪脊骨洗净,放入砂锅,加水适量,武火煮沸,撇去浮沫。

3. 加入料酒,放入浸泡的黄豆,再放进药包,文火煮30分钟。

4. 取出药包,加葱花、姜末,继续用文火煮至黄豆熟烂,加食盐调味,搅拌均匀,即可食用。

【功效与主治】补肾强骨,疗伤止痛。适用于骨折后愈合不佳及腰痛、痹证等疾病。对骨折后气血亏虚、经络不通所致的骨折后愈合不佳症状,以及脾肾亏损、瘀血痹阻所致的周身疼痛、腰膝酸软、畏寒肢冷、大便溏薄等症状有一定疗效。

【膳食服法】餐时服用。

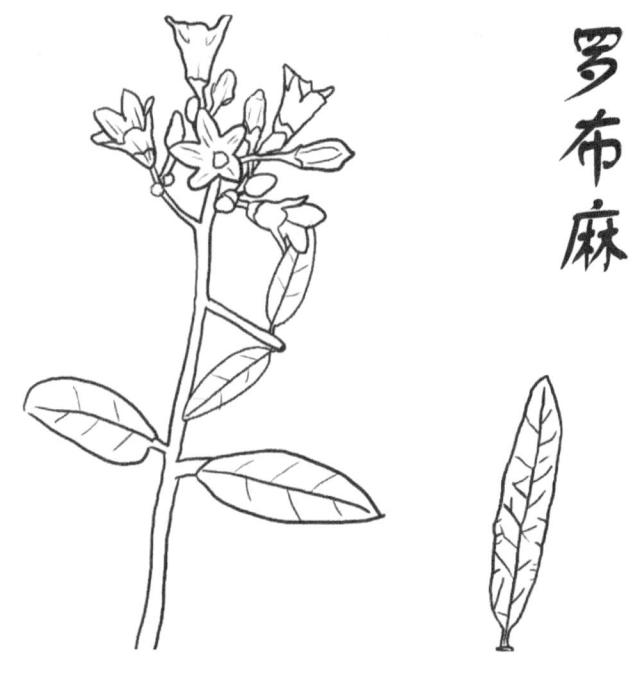

罗布麻

【来源】夹竹桃科植物罗布麻的全草。

【性味归经】甘、苦，凉。归肝经。

【功效与主治】清热平肝，利水消肿，清火降压，强心利尿。适用于肝阳上亢所致的头晕目眩、眩晕耳鸣、食少寐差等症状，以及湿热水停所致的腹胀水肿、小便不利等症状。

【药理成分】含有异槲皮甙、槲皮素、金丝桃甙、芸香甙、右旋儿茶精、恩醌、缬氨酸谷氨酸、丙氨酸等多种氨基酸。

罗布麻配白糖　清热平肝，利水消肿

罗布麻白糖饮

【食药材】罗布麻叶3克，白糖30克。

【膳食制法】

1. 将罗布麻叶除去杂质并洗净，用纱布袋包好，入砂锅，加清水适量，武火烧开，文火煎煮30分钟，捞出药包，去渣取汁。

2. 兑入白糖溶化，即可饮用。

【功效与主治】清热平肝，利水消肿。适用于水肿、眩晕、痿症等疾病。对肝阳上亢所致的时有头晕、双足痿软、腰膝酸软、下肢水肿等症状有一定疗效。现代医学研究表明，本方对高血压等疾病有一定防治作用。

【膳食服法】代茶饮。

罗布麻配茭白　清热平肝，育阴利水

【食材介绍——茭白】

茭白，又名菰手、菰笋、茭笋等，属于禾本科菰属多年生宿根草本植物。茭白含有蛋白质、脂肪、糖类、维生素E、胡萝卜素、维生素B_1、维生素B_2、钾、磷等多种成分。中医认为，茭白味甘，性寒，归肝、脾、肺经，具有清解热毒、除烦止渴、通利二便的功效。现代医学研究表明，茭白含较多的豆甾醇，能够有效清除人体内存在的活性氧，在一定程度上抑制酪氨酸酶的活性，进而减少黑色素生成，豆甾醇还具有软化皮肤角质层、润滑皮肤的作用。茭白的利胆退黄作用对黄疸型肝炎患者有较大功效。一般人均可食用茭白，尤其适宜于黄胆型肝炎、高血压患者及产后缺乳的哺乳期妇女、酗酒及酒精中毒等人群。阳痿遗精者、肾病患者、脾虚胃寒者、尿路结石或尿中草酸盐类结晶较多者、腹泻者不宜单独食用。

决罗茭白

【食药材】罗布麻3克，决明子5克，茭白100克，盐、葱、姜、食用油等调味品适量。

【膳食制法】

1. 将决明子、罗布麻洗净并用布包好，加水适量，武火烧开，文火煎煮30分钟，捞出药包，去渣浓缩取汁。茭白洗净并切薄片。
2. 起炒锅加入食用油及洗净的葱、姜煸炒。
3. 加入茭白炒制，加入药汁，待茭白熟透，加盐调味，即可食用。

【功效与主治】清热平肝，育阴利水。适用于眩晕等疾病。对肝肾亏虚、肝阳上亢所致的头晕目眩、腰膝酸软、口干口苦、大便干结、双目干涩、耳鸣耳聋等症状有一定疗效。现代医学研究表明，本方对高血压等疾病有一定防治作用。

【膳食服法】餐时服用。

罗布麻配鸡肉　补虚强心，平肝降压

罗布麻鸡块

【食药材】罗布麻叶5克，仔鸡500克，葱花、姜末、料酒、盐、麻油等调味品适量。

【膳食制法】

1. 将仔鸡宰杀后洗净，除去内脏并切成小块，备用。

2. 将罗布麻叶洗净并用纱布袋包好，加水适量，武火烧开，文火煎煮30分钟，捞出药包，去渣取汁。

3. 将鸡块放在锅里，将药汁淋上，加入清水适量及葱花、姜末、料酒、盐等调味品，放入蒸笼蒸至鸡肉烂熟。

4. 将鸡块出笼装盘，淋入麻油，即可食用。

【功效与主治】补虚强心，平肝降压。适用于眩晕、虚劳、心悸等疾病。对心阳不足、气血运行无力所致的胸闷心悸、倦怠乏力、少气懒言、下肢浮肿等症状，以及肝阳上亢所致的头晕目眩、腰膝酸软、口干口苦、大便干结、双目涩痛等症状有一定疗效。现代医学研究表明，本方对高血压等疾病有一定防治作用。

【膳食服法】餐时服用。

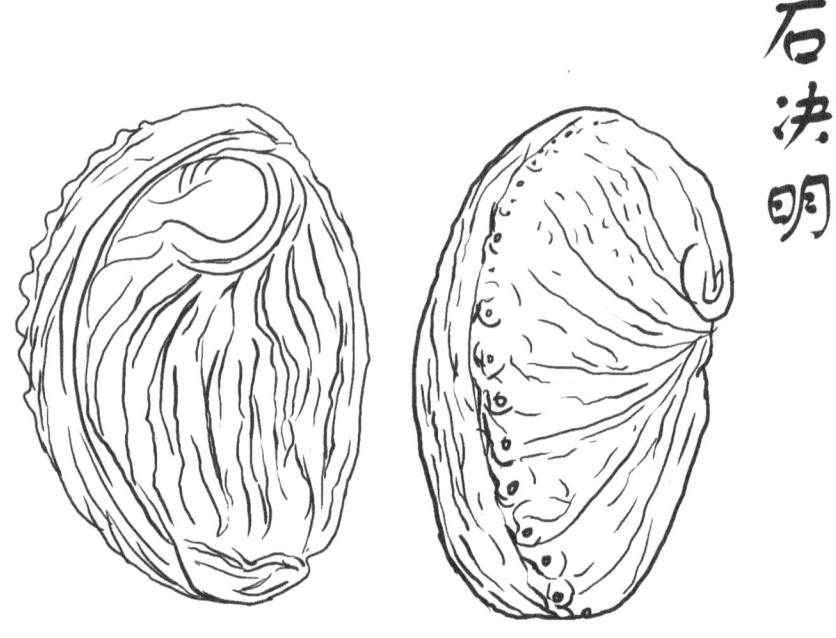

石决明

【来源】鲍科动物杂色鲍、羊鲍、耳鲍、皱纹盘鲍、澳洲鲍或白鲍的贝壳。

【性味归经】咸，寒。归肝经。

【功效与主治】平肝潜阳，清肝明目。适用于肝阳上亢所致的头晕目眩、目赤肿痛、视物眼花、两胁胀痛、咽干口苦、性情急躁、头痛耳鸣等症状，以及胃酸过多所致的胃脘疼痛等症状。

【附注】脾胃虚寒、食少便溏者不宜单独食用。

石决明配鸡蛋　清热平肝，镇静安神

石决明钩藤蛋黄汤

【食药材】石决明30克，双钩藤3克，生牡蛎10克，生地3克，炙甘草2克，茯神3克，鸡蛋2个，食盐、葱花等调味品适量。

【膳食制法】

1. 将石决明、生牡蛎洗净打碎，先煎半小时，入双钩藤、生地、炙甘草、茯神加水适量再煎煮30分钟后，去渣取汁。

2. 药汁加水，煮沸，打入鸡蛋并搅匀煮沸，加食盐、葱花调味，即可食用。

【功效与主治】清热平肝，镇静安神。适用于眩晕、中风（缓解期）、郁证、不寐等疾病。对肝肾亏虚、精血不足所致的头晕目眩、腰膝酸软、四肢不利、头痛耳鸣、睡眠不佳、抑郁不乐等症状有一定疗效。

【膳食服法】餐时服用。

石决明配粳米　滋阴潜阳，重镇安神

石决明粳米粥

【食药材】石决明30克，粳米100克。

【膳食制法】

1. 将石决明打碎并用纱布袋包好放入砂锅内。

2. 加清水适量，武火烧开，文火煎煮1小时，捞出药包，去渣取汁。

3. 将粳米洗净放入砂锅，加入药汁及清水适量，武火烧开，文火煮至粥熟，即可食用。

【功效与主治】滋阴潜阳，重镇安神。适用于眩晕、中风（缓解期）、不寐等疾病。对肝肾亏虚、精血不足所致的头晕目眩、腰膝酸软、四肢不利、周身困倦、睡眠不佳、少气懒言等症状有一定疗效。

【膳食食法】餐时服用。

【医学分析】膳食中石决明性味咸寒、滋阴清热、镇潜浮阳，是镇肝潜阳之佳品。粳米顾护胃气。两味相配共奏滋阴潜阳、重镇安神之效。故服用本品对肝肾亏虚、精血不足所导致的眩晕、中风（缓解期）、不寐等疾病有一定疗效。现代医学研究表明，本粥对目赤翳障、青光眼及夜盲等眼科疾病有一定的预防作用。

石决明配猪脑　滋阴清热，平肝潜阳

石决明猪脑羹

【食药材】石决明15克，天麻3克，猪脑300g，盐、葱花、料酒等调味品适量。

【膳食制法】

1. 将石决明打碎先煎半小时，放入天麻，以文火共煎30分钟，去渣取汁，备用。

2. 再加入洗净的猪脑、料酒，炖成厚羹，加食盐、葱花调味，即可食用。

【功效与主治】滋阴清热，平肝潜阳。适用于眩晕、中风（缓解期）、不寐等疾病。对肝肾亏虚、精血不足、脑髓失养所致的头晕目眩、腰膝酸软、倦怠乏力、睡眠不佳、失眠多梦、记忆力减退等症状有一定疗效。

【膳食食法】餐时服用。

珍珠

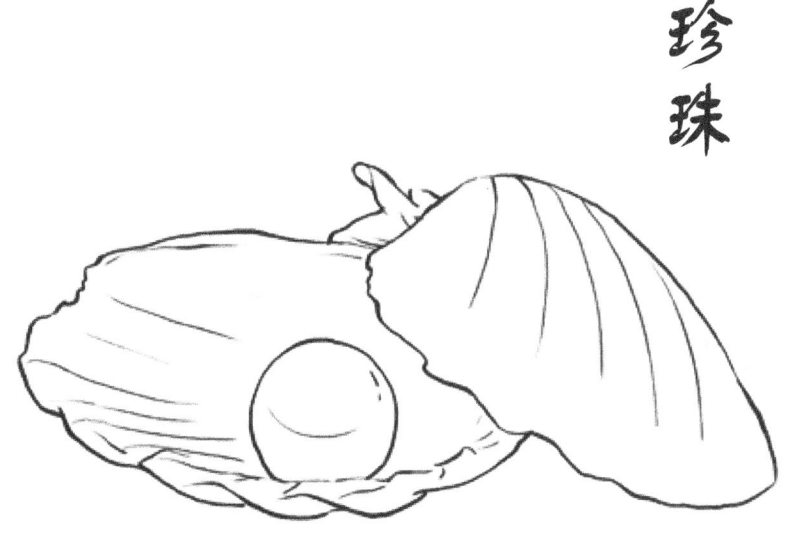

【来源】珍珠贝类或蚌类动物囊中的无核珍珠。

【性味归经】甘、咸，寒。归心、肝经。

【功效与主治】镇心安神，养阴息风，清热化痰。适用于心神失养、阴虚风动、痰热内生所致的惊悸、癫痫、目赤肿痛、四肢抽搐、心悸失眠、多梦易惊、咳吐黄痰、惊风等症状。

【药理成分】主要成分为碳酸钙。

【附注】脾胃虚寒者不宜单独食用。

珍珠配蜂蜜　滑肠通便，润肤美颜

珍珠蜂蜜饮

【食药材】珍珠粉30克，蜂蜜2克。

【膳食制法】

1. 将珍珠研成粉末，并用纱布袋包好，煎煮60分钟，捞出药包，去渣取汁，备用。
2. 加入蜂蜜，并用药汁冲泡，即可饮用。

【功效与主治】滑肠通便，润肤美颜。适用于便秘、雀斑等疾病。对各种原因所致的大便干结、排便不畅、皮肤暗淡、皮肤干枯、面部色斑、晦暗无华等症状有一定疗效。久服本方，对美容养颜有一定作用。

【膳食服法】代茶饮。

珍珠配冰糖　除烦止渴，润肤美容

珍珠菱角羹

【食药材】珍珠30克，菱角80克，冰糖20克。

【膳食制法】

1. 将珍珠研成粉末，并用纱布袋包好，煎煮60分钟，捞出药包，去渣取汁，备用。菱角洗净，煮熟去壳，剁碎。冰糖打碎成屑。
2. 将砂锅放入药汁与冰糖、菱角同炖，加清水适量，武火上烧沸，再用文火炖煮30分钟，即可食用。

【功效与主治】除烦止渴，润肤美容。适用于雀斑、围绝经期综合征等疾病。对阴津亏虚所致的烦热口渴、潮热盗汗、疲乏无力、面部暗淡、皮肤无光有一定疗效。久服本方，对美容养颜有一定作用。

【膳食服法】餐时服用。

珍珠配红糖　补气养血，美容养颜

珍珠养生茶

【食药材】珍珠15克，蜂蜜5克，枸杞子5克，黄精3克，炙黄芪3克，红糖5克。

【膳食制法】

1. 将珍珠洗净，打成粉末，纱布包好，放入砂锅，加清水适量，武火烧开，文火先煎30分钟，将枸杞子、黄精、黄芪洗净用纱布袋包好，再煮30分钟，拣出药包，去渣取汁，备用。

2. 以药汁冲泡蜂蜜、红糖，搅拌均匀，即可食用。

【功效与主治】美容养颜，补气养血。适用于雀斑、虚劳疾病。对气虚亏虚所致的面部暗淡、皮肤无光、周身乏力、倦怠懒言、周身乏力等症状有一定疗效。久服本方，对增强机体免疫力、美容养颜有一定作用。

【膳食服法】代茶饮。

天麻

【来源】兰科植物天麻干燥的块茎。

【性味归经】甘,平。归肝经。

【功效与主治】息风止痉,平抑肝阳,祛风通络。主治肝风内动、邪阻经络所致的眩晕、头痛、风湿痹痛、肢体麻木、四肢抽搐、活动不利等症状。

【药理成分】含有天麻苷、天麻苷元、枸橼酸、胡萝卜苷、天麻多糖、氨基酸、多种矿质元素等。

天麻配猪脑　平肝潜阳，祛风止痛

【食材介绍——猪脑】

猪脑是猪科动物猪的脑髓。猪脑含有蛋白质、脂肪、硫胺素、抗坏血酸、核黄素、胆固醇、钙、磷、铁等多种成分。中医认为，猪脑味甘，性寒，归心、肝、肾经，具有益肾补脑、养肌润肤的功效。现代医学研究表明，猪脑含有的人体大脑所需的营养物质，如蛋白质、脂肪、胆固醇、钙、磷、铁等物质远高于猪肉，故食用猪脑有良好的补脑作用。猪脑含有大量的钙、磷、铁等物质，可以消除疲劳、镇静安神。一般人均可食用猪脑，尤其适宜于健忘者、体质虚弱者、偏头痛者、失眠者、神经衰弱者等人群食用。患有冠心病、高血压、动脉硬化或血脂异常者及性功能障碍者不宜单独食用。

天麻猪脑羹

【食药材】 天麻10克，猪脑100克，生姜、葱、食盐等调味品适量。

【膳食制法】

1. 将天麻用纱布袋包好，放入砂锅，加水适量，武火烧开，文火煎煮30分钟，拣出布袋，去渣取汁。

2. 加入猪脑，文火煮炖1小时成稠羹汤，加生姜、葱、食盐调味，即可食用。

【功效与主治】 平肝潜阳，祛风止痛。适用于眩晕、中风（缓解期）等疾病。对肝肾亏虚、精血不足、肝阳上亢所致的头晕目眩、头昏头痛、偏身麻木、腰膝酸软、睡眠不佳、失眠多梦、记忆力减退等症状有一定疗效。

【膳食服法】 餐时服用。

【医学分析】 膳食中天麻性味甘平，专入肝经，功能平息肝风。凡肝阳上亢、肝风内动之证，不论寒热虚实，均可选用，被《本草纲目》誉为"治风之神药"。因其具有止痛之效，所以肝阳头痛、眩晕之证最为常用，故前人有"眼黑头旋,风虚内作,非天麻不能治"之谈。猪脑,性味甘寒,具有补脑定眩之功,《名医别录》载其"主风眩、脑鸣"。《四川中药志》谓其"补骨髓,益虚劳,治神经衰弱、偏正头风及老人头眩"。可见本品对精血不足、肝肾亏损之头痛、眩晕、脑鸣均有疗效。方中二味同用,一以平抑肝阳为主,一以补益虚弱为主,标本兼取,对于精血不足、肝阳偏亢之证,最为适宜。现代医学研究表明,天麻具有镇静、止痛作用,可降低血管阻力,增加冠状动脉和脑血流量。临床应用,可改善阴虚阳亢型高血压患者的眩晕、头痛、失眠等症状。

【附注】本方性平力缓,需坚持服用,方可收效。

天麻配鲤鱼　平肝宁神,利水消肿

天麻鲤鱼

【食药材】天麻15克,鲜鲤鱼1000克,川芎3克,茯苓5克,姜、葱、生抽、盐等调味品适量。

【膳食制法】

1. 将川芎、茯苓、天麻洗净,并用纱布包好。

2. 再将纱布包放入去鳞、鳃、内脏之鱼腹中,加入姜、葱、盐,武火烧开,文火蒸至鱼熟。

3. 将姜、葱、生抽制成料汁,浇于鱼上,即可食用。

【功效与主治】平肝宁神,活血止痛。适用于眩晕、头痛、中风(缓解期)等疾病。对肝肾亏虚、肝阳上亢所致的头晕目眩、头昏头痛、四肢麻木、腰膝酸软、下肢浮肿、口干口苦、耳鸣耳聋、睡眠不佳、失眠多梦、周身乏力等症状有一定疗效。

【膳食服法】餐时服用。

天麻配三文鱼　补肾填髓，祛风定眩

【食材介绍——三文鱼】

　　三文鱼属鲑科鱼，又名撒蒙鱼或萨门鱼，是西餐中常见鱼类。三文鱼含有蛋白质、不饱和脂肪酸、维生素A、维生素E、虾青素、铜、磷、钠、硒等多种成分。中医认为，三文鱼味甘，性平，归脾、胃经，具有温中补虚、健脾暖胃的功效。现代医学研究表明，三文鱼中含有的DHA可以改善大脑功能，用来预防和治疗帕金森症、视力减退等疾病。三文鱼富含的不饱和脂肪酸，还可以降血脂和胆固醇，防治心脑血管疾病；可以保护皮肤的胶原以及皮肤保湿因子免遭外界物质破坏；三文鱼还含有具有强大抗氧化功能的虾青素，能延缓皮肤衰老，还能够保护皮肤免受紫外线的伤害，能起到滋养皮肤、防止皱纹的功效。三文鱼富含人体所必需的微量元素铜，适量的铜有益于人体皮肤、心、脑、血液等组织及器官的发育和功能的正常发挥。三文鱼常用来制作鱼肝油，鱼肝油含有丰富的维生素D，维生素D能促进机体对钙、磷等微量元素的吸收。并且三文鱼富含蛋白质。所以多食三文鱼有助于身体生长发育，尤适于青少年。三文鱼还具有良好的预防糖尿病的作用。一般人均可食用三文鱼，尤其适宜于患有心血管疾病者、视力减退者、帕金森症者、脾胃虚弱者、年老体虚者、青少年等人群。过敏体质者、痛风患者、高血压患者不宜单独食用三文鱼。

天麻三文鱼粥

【食药材】天麻10克,三文鱼30克,粳米100克,葱花、食盐等调味品适量。

【膳食制法】

1. 将天麻洗净并用纱布袋包好,放入砂锅,加水适量,武火烧开,文火煎煮30分钟后,拣出药包,去渣取汁。

2. 将药汁与粳米、三文鱼入锅加水煮粥,至粥熟,加葱花、食盐调味,即可食用。

【功效与主治】补肾填髓,祛风定眩。适用于眩晕、腰痛等疾病。对肾精不足、肝阳上亢所致的头晕目眩、腰膝酸软、倦怠懒言、周身乏力、耳鸣耳聋、睡眠不佳、睡中易醒等症状有一定疗效。

【膳食服法】餐时服用。

【医学分析】膳食中天麻息风止痉、平肝潜阳,主阴虚阳亢之头目眩晕。三文鱼补肾益精,平肝生髓。二者同用共奏补肾填髓、祛风定眩之效。故服用此粥对肝阳上亢所致之头晕目眩、腰膝酸软、睡眠不佳、倦怠懒言等症状有一定疗效。

天麻配胖头鱼头　平肝抑阳，祛风止痛

【食材介绍——胖头鱼头】

胖头鱼头，又名鳙鱼头，为鲤科动物鳙鱼的头。胖头鱼头含有蛋白质、磷脂、维生素B_2、维生素C、钙、钾、磷、铁等多种成分。中医认为，胖头鱼头味甘，性温，归脾、胃经，具有强筋壮骨、温中健脾、益智补虚的功效。现代医学研究表明，胖头鱼头所含丰富的磷脂卵磷脂是构成神经组织和脑代谢中的重要物质，对幼儿的生长，对抑制老年血小板凝聚、阻止血栓形成、防止动脉硬化功效明显。鱼头的鱼鳃部分有呈透明的胶状肉，其富含胶原蛋白，能够对抗人体老化及修补身体细胞组织。一般人均可食用鳙鱼，尤宜体质虚弱、营养不良、老年人、心脑血管病者等人群。患有荨麻疹、癣病、皮肤瘙痒等皮肤病患者及体内有热者不宜单独食用。鳙鱼食用过多易引发疮疥，故宜少食。

砂锅天麻鱼头

【食药材】天麻15克，川芎5克，胖头鱼头1000克，水发冬菇20克，水发兰片10克，肉汤2000克，熟火腿20克，葱节20克，姜片10克，食盐5克。

【膳食制法】

1. 将鱼头去鳃洗净，从脑顶骨中对剖开，不要全切断。

2. 将洗净的冬菇、兰片、火腿分别切成片。

3. 将天麻、川芎洗净，用纱布袋包好，备用。

4. 起炒锅置于旺火上，下油烧至八成热时，放入鱼头稍炸，待皮收紧时起锅。

5. 去炸油，留余油烧至六成热，加姜、葱炒一下，掺肉汤烧后倒入砂锅内，放入鱼头、药包、菇、兰片、火腿。

6. 加盖用文火炖鱼头至熟，加入葱花、食盐调味，即可食用。

【功效与主治】平肝抑阳，祛风止痛。适用于眩晕、头痛等疾病。对肝阳上亢、肾精不足所致的头昏眼黑、肢体麻木、健忘失眠、偏正头痛、腰膝酸软、睡眠不佳、倦怠懒言、周身乏力等症状有一定疗效。

【膳食服法】餐时服用。

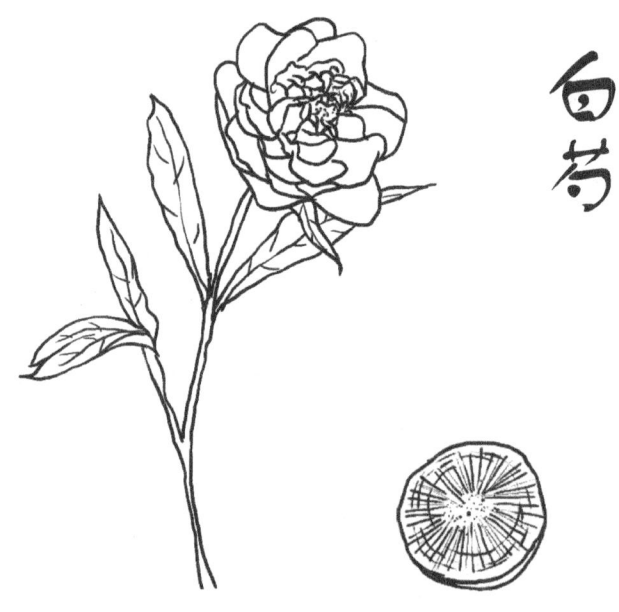

白芍

【来源】毛茛科多年生草本植物芍药干燥的根。

【性味归经】苦、酸、甘，凉。归肝、脾经。

【功效与主治】养血调经，敛阴止汗，平肝止痛。适用于气血不足、肝阳上亢、阴虚火旺所致的头痛眩晕、血虚萎黄、月经不调、崩漏下血、胁肋疼痛、四肢挛痛、脘腹、盗汗自汗等症状。

【药理成分】含有芍药苷等多种苷类、芍药碱、芍药内酯、牡丹酚、挥发油等。

【附注】忌与藜芦搭配食用。

白芍配乌骨鸡 养阴补血，益气健脾

补血乌骨鸡

【食药材】白芍10克，当归5克，熟地5克，川芎3克，乌骨鸡肉1000克，葱结20克，姜块15克，食盐、黄酒、胡椒粉等调味品适量。

【膳食制法】

1. 将鸡宰杀，清水洗净。
2. 将姜、葱洗净切段。当归、白芍、川芎、熟地洗净并用纱布袋包好。
3. 砂锅置旺火上，掺鲜汤，放入乌鸡肉、药包武火烧开后，撇去血沫，加姜、葱、黄酒移至文火上炖至鸡肉熟烂。
4. 加胡椒面、食盐调味，拣去药包、姜、葱，即可食用。

【功效与主治】养阴补血，益气健脾。适用于闭经、月经量少、贫血、虚劳等疾病。对阴血亏虚、脾气不足所致的月经不调、经量稀少、崩中漏下、周身乏力、食少纳呆、爪甲色白等症状有一定疗效。

【附注】感冒、实热证慎食。

白芍配木耳 养阴润燥，滋阴固肾

【食材介绍——木耳】

黑木耳是属于木耳科的真菌木耳。木耳含有蛋白质、葡萄糖、卵磷脂、纤维素、甘露聚糖、麦角甾醇和维生素K、钙、磷、铁等多种成分。中医认为，木耳味甘，性平，归肺、大肠、脾、胃、肝、肾经，具有补气养血、润肺止咳、降压、抗癌的功效。现代医学研究表明，黑木耳含有丰富的营养物质，其营养价值可与动物性食物相媲美，堪称"素中之荤"。木耳含有丰富的铁元素，多食木耳能防治缺铁性贫血。木耳中的抗肿瘤活性物质，能防癌抗癌，增强机体免疫力。木耳中的胶质可吸附人体内的灰尘、杂质，使其聚集并排出体外。黑木耳含有大量的酶和植物碱，可以催化纤维织物，促使人体内被吸收的纤维、粉尘等有害物质分解。黑木耳富含纤维素，能促进胃肠的蠕动，减少对脂肪的吸收，具有减肥的功效。黑木耳的植物素和生物碱具有化解结石的功效，对肾结石、胆结石等有化解作用。此外，木耳还有抗凝、抗血栓、抗动脉硬化、抗炎的作用。一般人均可食用木耳，尤其适宜于肥胖、肾结石、胆结石、肿瘤、贫血、脑血栓、冠心病患者以及从事理发、锯木、粉尘等行业的人员。出血性疾病、慢性腹泻、阳痿者不宜单独食用。

补血木耳汤

【食药材】白芍10克，当归5克，炙黄芪5克，炙甘草2克，陈皮3克，桂圆肉2克，黑木耳15克，食盐、葱花等调味品适量。

【膳食制法】

1. 将黑木耳洗净，并除去杂质，温水发开，切丝。
2. 将当归、黄芪、白芍、甘草、陈皮洗净，并用布包好。
3. 起砂锅加入药包及适量清水，武火煮开，文火煎煮30分钟，拣出药包，去渣取汁。
4. 加入黑木耳及桂圆肉熬制20分钟，加食盐、葱花调味，即可食用。

【功效与主治】养阴润燥，滋阴固肾。适用于闭经、贫血、虚劳等疾病。对阴血亏虚、肾阴不足所致的月经不来、少气懒言、小便频数、腰膝酸软、倦怠懒言、周身乏力、爪甲色白等症状有一定疗效。

【膳食服法】餐时服用。

白芍配鱿鱼 益气养血，柔肝止痛

【食材介绍——鱿鱼】

鱿鱼，又名柔鱼、枪乌贼，是枪乌贼科软体动物。鱿鱼含有蛋白质、脂肪、牛黄酸、磷、铁、钙、硒等多种成分。中医认为，鱿鱼味甘、咸，性平，归肝、肾经，具有滋阴养胃、补虚劳损、润肤排毒的功效。现代医学研究表明，鱿鱼富含磷、铁、钙等微量元素，有助于骨骼发育和造血，可以有效改善贫血症状。鱿鱼富含牛黄酸，能缓解疲劳，补充脑力，预防老年痴呆。鱿鱼含有可以抗病毒、抗射线的多肽和硒。一般人均可食用鱿鱼，尤其适宜于体质虚弱、骨质疏松、缺铁性贫血、记忆力减退、老年痴呆等人群。鱿鱼是高胆固醇食物，已有高血脂、高胆固醇血症、动脉硬化及肝病患者应慎食。患有湿疹、荨麻疹等皮肤疾病者不宜单独食用。

十全大补鱿鱼汤

【食药材】酒白芍10克，党参5克，炙黄芪5克，炒白术5克，茯苓5克，肉桂3克，熟地5克，当归5克，川芎3克，炙甘草3克，鱿鱼60克，猪肚30克，生姜20克，猪杂骨、葱、花椒、食盐等调味品适量。

【膳食制法】

1. 将酒白芍、党参、炙黄芪、炒白术、茯苓、肉桂、熟地、当归、川芎、炙甘草洗净，并装入纱布袋中，扎紧备用。

2. 将鱿鱼、猪肉、猪肚洗净备用；猪骨洗净，捶破；生姜洗净并拍破，备用。

3. 将猪肉、猪肚、鱿鱼、猪杂骨、药袋、生姜、花椒放入砂锅，加水适量，武火烧开，撇去浮沫。

4. 置文火煨炖，待猪肉、猪肚熟烂时，捞起切条，再放汤中，捞出药袋，加食盐、葱花调味，即可食用。

【功效与主治】益气养血，宁心养脾。适用于自汗、不寐、虚劳等疾病。对气血两虚、心脾两虚所致的活动后汗出、周身乏力、指甲色白、食欲不振、体倦乏力、面色萎黄、半夜易醒等症状有一定疗效。

【膳食服法】餐时服用。

【附注】鼻流清涕者禁服。

白芍配羊骨 益气养血，养心健脾

八宝羊排汤

【食药材】白芍10克，党参5克，炒白术3克，茯苓3克，炙甘草2克，当归5克，川芎3克，熟地黄6克，羊排500克，羊骨500克，葱、料酒、姜、食盐等调味品适量。

【膳食制法】

1. 将白芍、党参、炒白术、茯苓、炙甘草、当归、川芎、熟地黄洗净，并用洁净纱布袋包好，备用。

2. 将羊排洗净，羊骨洗净捶破，切成段。

3. 将羊排及羊骨、药袋放入砂锅内，加水适量，先用武火烧开，打去浮沫，加入生姜、葱、料酒，改用文火煨炖至熟烂，将药袋捞出加葱、食盐等调味，即可食用。

【功效与主治】益气养血，养心健脾。适用于月经过少、不寐、贫血、虚劳等疾病。对气血两虚、脾气亏虚所致的月经量少、周身乏力、指甲色白、食欲不振、体倦乏力、面色萎黄、失眠多梦、半夜易醒等症状有一定疗效。

【膳食服法】餐时服用。

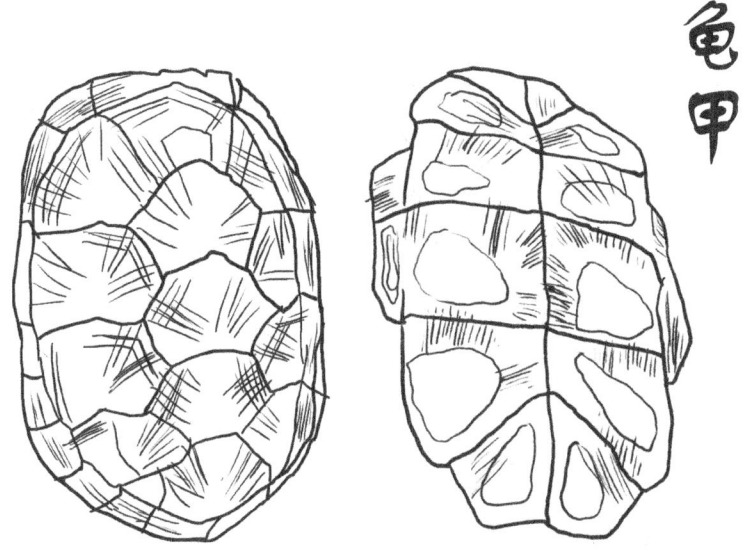

龟甲

【来源】龟科动物乌龟的甲壳。

【性味归经】咸、甘，寒。归肾、肝、心经。

【功效与主治】滋阴抑阳，益肾健骨，固经止血。适用于阴虚内热所致的骨蒸盗汗、崩漏、月经过多等症状，以及阴虚阳亢所致的头晕目眩、耳鸣耳聋、腰膝酸软和肾精亏虚所致的遗精滑精、心悸失眠、健忘等症状。

【药理成分】含有骨胶原及丙氨酸、苏氨酸、天门冬氨酸、蛋氨酸、谷氨酸等多种氨基酸及钙、锌、铜、磷等元素。

【附注】宜沙炒醋淬后食用，更易煎出有效成分。

龟甲配核桃　补肾填髓，滋阴补阳

核桃炖龟肉

【食药材】乌龟1只，杜仲5克，枸杞子5克，续断5克，桑寄生5克，陈皮10克，核桃30克，猪棒子骨500克，姜块20克，葱节15克，食盐等调味品适量。

【膳食制法】

1. 将乌龟宰杀，放入开水烫，去头、爪甲、内脏，刮去粗皮，切块。猪棒子骨洗净敲碎。

2. 将杜仲、枸杞子、续断、桑寄生、陈皮洗净并用纱布袋包好。

3. 起砂锅，将姜、葱洗净切段，放入其中，置武火上，加清水适量，猪棒子骨垫锅底，再入龟板、龟肉。

4. 水烧开后，撇出血泡，加入姜、葱、黄酒、药包、核桃，移至文火上炖至软烂。

5. 取出药包、葱、姜、葱、骨头，再加入食盐、葱花调味，即可食用。

【功效与主治】补肾填髓，滋阴补阳。适用于腰痛、耳鸣、盗汗、眩晕、阳痿、早泄等疾病。对阴阳两亏、髓海不充所致的腰膝酸软、耳鸣耳聋、夜间汗出、头晕不适、头昏目花、骨蒸潮热等症状，以及肾精亏虚所致的性功能减退、周身乏力、少气懒言等症状有一定疗效。

【膳食服法】餐时服用。

龟甲配乌骨鸡 补肾填髓，益气养阴

龟甲乌鸡汤

【食药材】龟甲30克，乌骨鸡500克，核桃仁20克，食盐等调味品适量。

【膳食制法】

1. 将乌骨鸡洗净切块备用，龟甲洗净打碎，并用纱布袋包好，和乌鸡一起放入砂锅中，加水适量。
2. 武火烧开，打去浮沫，文火慢炖至肉将熟。
3. 将核桃仁洗净打碎，加入汤中炖熟，加入食盐适量调味，即可食用。

【功效与主治】补肾填髓，益气养阴。适用于腰痛、耳鸣、盗汗、眩晕等疾病。对髓海不充所致的腰膝酸软、听力减退、头昏目花、潮热汗出、周身乏力、腰膝酸软、眠中汗出等症状，以及气血亏虚所致的面色无华等症状有一定疗效。

【膳食服法】餐时服用。

龟甲配猪肉　滋阴清热，补益肾气

龟甲肉丝汤

【食药材】龟甲20克，山萸肉5克，补骨脂5克，知母5克，黄酒30克，猪肉150克，淀粉10克，姜末、葱花、食盐等调味品适量。

【膳食制法】

1. 将猪肉洗净，切细丝，加姜末、淀粉、黄酒，拌匀备用。

2. 将山萸肉、补骨脂、知母、龟甲洗净并用纱布袋包好，放入砂锅内，加清水适量，武火烧开，文火煎煮30分钟后，去渣留汁。

3. 将药汁煮沸，入猪肉丝，边煮边搅散，肉丝煮熟后，再加入盐、葱花调味，即可食用。

【功效与主治】滋阴清热，补益肾气。适用于汗证、绝经期综合征、腰痛等疾病。对气阴两虚、肝肾不足所致的时有汗出、听力减退、头晕眼花、腰膝酸软、周身乏力、气短懒言等症状有一定疗效。

【膳食服法】餐时服用。

蒺藜

【来源】蒺藜科植物蒺藜干燥的成熟果实。

【性味归经】辛、苦,微温。归肝经。

【功效与主治】平肝解郁,活血祛风,明目止痒。适用于肝阳上亢所致的头痛眩晕和肝气郁结所致的胸胁疼痛等症状,以及产后肝郁所致的乳汁不通、乳房胀痛和风热上犯所致的目赤肿痛、翳膜遮睛等症状。

【药理成分】含有挥发油、鞣质、树脂钾盐、皂苷等。

蒺藜配猪肉　健脾益肾，平抑肝阳

固精饺子

【食药材】蒺藜20克，芡实5克，莲肉5克，莲须5克，煅牡蛎10克，煅龙骨10克，钩藤5克，猪肥瘦肉550克，饺子皮适量，食盐、姜汁等调味品适量。

【膳食制法】

1. 将蒺藜、钩藤、芡实、莲肉、莲须、龙骨、牡蛎洗净除渣，先煎煮龙骨、牡蛎30分钟，再将其余中药放入，煎煮30分钟，去渣过滤浓缩取汁。

2. 将猪肥瘦肉洗净并剁成细粒，加盐、姜汁、药汁拌成肉馅，包成饺子。

3. 起锅，将饺子煮熟，即可食用。

【功效与主治】健脾益肾，收敛固涩。适用于遗精、早泄、尿频、带下过多、泄泻等疾病。对脾肾亏虚、肾失固涩所致的精关不固、性生活减退、尿频遗尿、带下过多、腰膝酸软、倦怠乏力、大便溏薄、少气懒言等症状有一定疗效。

【膳食服法】餐时服用。

五香烧猪排

【食药材】白蒺藜20克，猪排骨600克，花椒10粒，黄酒50克，冰糖、葱、姜、生抽、花椒、食盐、麻油、植物油等调味品适量。

【膳食制法】

1. 将白蒺藜去净除渣，并用纱布袋包好，武火烧开，文火煎煮30分钟，拣出药包，去渣取汁，备用。

2. 将猪排骨洗净并切成条，放入碗内，加入黄酒、生抽、姜片、花椒、葱白、食盐拌匀，30分钟后待用。

3. 炒锅置旺火上，下菜油烧至七成热，放入排骨炸至黄色捞起，滤去炸油，留少许底油，放入冰糖炒化，加鲜汤烧开，放入排骨、姜、黄酒、葱、盐、中药汁，移至文火上慢炖，烧至排骨熟烂，加麻油混合均匀，即可食用。

【功效与主治】补肾固精,养肝明目。适用于遗精、早泄、白内障等疾病。对肝肾亏虚所致的性功能减退、腰膝酸痛、头昏目眩、耳鸣耳聋、周身乏力、视物不清等症状有一定疗效。

【膳食服法】餐时服用。

蒺藜配白酒 明目止痒,平肝潜阳

白蒺藜酒

【食药材】白蒺藜20克,白酒500克。

【膳食制法】

1. 将白蒺藜洗净、晒干备用。
2. 将晒干的白蒺藜用纱布袋包好,放入酒中。
3. 白酒密封阴凉通风处储藏7日,每日摇晃1次,即可饮用。

【功效与主治】明目止痒,平肝潜阳。适用于白内障、眩晕、虚劳等疾病。对肝肾亏虚所所致的视物昏花、迎风流泪、干涩疼痛、周身乏力、头晕目眩、腰膝酸软、头痛耳鸣等症状有一定疗效。

【膳食服法】适量饮用。

乌梅

【来源】蔷薇科乔木植物梅的近成熟果实。

【性味归经】酸，平。归肝、肺、脾、大肠经。

【功效与主治】敛肺止咳，生津止渴，涩肠止泻，安蛔止痛。适用于蛔虫所致的腹痛呕吐、四肢厥冷等症状，以及肺气亏虚所致的久咳少痰、干咳无痰和久泻久痢、虚烦消渴等症状。

【药理成分】含有柠檬酸、苹果酸、琥珀酸、酒石酸、糖类、谷甾醇、齐墩果酸样物质等。

【附注】外有表邪或实热积滞者不宜单独食用。

乌梅配西瓜翠衣　清热泻火，生津止渴

【食材介绍——西瓜翠衣】

西瓜皮，又名西瓜翠衣，是葫芦科植物西瓜的外层果皮。西瓜翠衣含有葡萄糖、氨基酸、苹果酸、番茄素、维生素C、锂、钠、钙等多种成分。中医认为，西瓜翠衣味甘，性凉，归心、胃、膀胱经，具有清热、解渴、利尿的功效。现代医学研究表明，西瓜翠衣富含瓜氨酸，具有良好的利尿、解毒的功效，并能促进机体伤口愈合与肌肤的新陈代谢，达到滋润皮肤、淡化痘印及斑点的疗效。一般人均可食用西瓜翠衣，尤其适宜于暑热烦渴、小便短少、水肿、口舌生疮等人群。中寒湿盛者与脘腹冷痛者不宜单独食用。

乌梅翠衣饮

【食药材】乌梅15克，西瓜皮150克，白蜜适量。

【膳食制法】

1. 将西瓜皮、乌梅洗净，西瓜皮切碎，同乌梅煎煮30分钟。
2. 过滤取汁，去渣。
3. 调入白蜜适量，即可饮用。

【功效与主治】清热泻火，生津止渴。适用于中暑、消渴等疾病。对热邪消耗津液、气阴亏虚所致的口干口渴、口舌生疮、小便短赤、大便秘结、面红目赤、头昏头晕等症状有一定疗效。

【膳食服法】代茶饮。

乌梅配粳米 涩肠止泻，生津止渴

乌梅粳米粥

【食药材】乌梅10克，粳米50克，冰糖适量。

【膳食制法】

1. 将乌梅洗净并用纱布袋包好，武火烧开，文火煎取30分钟，拣出药包，去渣取汁。

2. 将粳米淘洗干净与药汁共入砂锅，加清水适量，武火烧开，文火煮至粥将熟。

3. 加冰糖适量，煮至冰糖化，搅拌均匀，即可食用。

【功效与主治】涩肠止泻，生津止渴。适用于泄泻、白内障、中暑等疾病。对脾肾亏虚、阴精亏虚所致的久泻不止、夏季口渴多饮、口干欲饮、视物不清、晨起腹泻、食少纳呆、周身乏力等症状有一定疗效。

【膳食服法】餐时服用。

【医学分析】膳食中乌梅药性平和、滋味酸涩，具有止泻、止血、止咳、生津、安蛔等多种功效，对上述诸症均有较好疗效。《肘后方》单用本品煎服，治"久痢不止，肠垢已出"，不仅可涩肠止泻，而且还可开口胃、助消化，对慢性泻痢、口渴食少者更为适合，不会因敛涩而碍胃。《圣济总录》以乌梅汁煮粟米为粥治肠风下血，《粥谱》以乌梅粥治久咳不止，可见本膳食应用甚广。膳食中粳米益气补中、生津止渴，与乌梅同用，乃涩而兼补，较单用涩法更胜一等。辅以冰糖，既使药粥甜酸可口，又具"酸甘化阴"、增强生津之妙。三位相配共奏涩肠止泻、生津止渴之效。故食用本粥对阴精亏虚所致的泄泻、白内障、中暑等疾病有一定疗效。

【附注】湿热泻痢初起及外感咳嗽者慎用。

乌梅配绿茶　养阴清热，行气和胃

【食材介绍——绿茶】

绿茶由山茶科植物茶的芽叶制作而成，属未发酵茶。绿茶含有茶多酚、咖啡碱、氨基酸、维生素C、硒、钼、锰、氟等多种成分。中医认为，绿茶归肝经，具有清养肝脏、调畅气机的功效。现代医学研究表明，绿茶中的茶多酚具有很强的抗氧化作用，可以清除人体自由基，起到延缓衰老的功效；茶多酚可以调节人体脂肪代谢，防治动脉硬化，同时，绿茶中的维生素C具有减少胆固醇沉积于血管壁和降低胆固醇的作用，所有绿茶有利于抑制心血管疾病；茶多酚、维生素C、硒、钼、锰等成分可以抑制致癌物质的合成，杀伤癌细胞以及提高免疫能力；茶多酚还具有明显的抗菌抗病毒能力，起到消炎止泻效果，并能除口臭；此外，茶多酚也具有抗辐射、美容养颜作用。绿茶中的咖啡碱能兴奋人体中枢神经，起到缓解疲劳、提神醒脑的作用；咖啡碱有良好的利尿效果，加速体内代谢物排出体外；咖啡碱还能促进胃液分泌，有助消化与分解脂肪。绿茶中氟含量较高，有助于防龋齿。一般人均可饮用绿茶，尤其适宜于高血压、冠心病、动脉硬化、肥胖者、口腔溃疡、龋齿、口臭等人群。胃肠功能较差、神经衰弱者、失眠症、哺乳期妇女、贫血者不宜单独饮用。

乌甘红枣绿茶

【食药材】乌梅5克,红枣1枚,甘草2克,绿茶3克。

【膳食制法】

1. 将乌梅、甘草、红枣洗净并用纱布袋包好。

2. 起砂锅,入纱布包,加水适量,武火烧开,文火煎30分钟,捞出药包,去渣取汁。

3. 将药汁冲泡绿茶,即可饮用。

【功效与主治】养阴清热,和胃止痛。适用于胃痛、痞满、呕吐等疾病。对胃阴不足所致的胃部隐痛、时有烧心、恶心呕吐、胃脘灼痛、腹部胀痛等症状有一定疗效。

【膳食服法】代茶饮。

乌梅配面粉　养阴清热,和胃止痛

乌梅红枣杏仁饼

【食药材】乌梅3克,红枣1个,杏仁2克,面粉50克。

【膳食制法】

1. 将乌梅、红枣洗净去核,杏仁去皮后一同捣碎。

2. 以发面与上末共做成小圆饼,蒸熟后,即可食用。

【功效与主治】养阴清热,和胃止痛。适用于胃痛、呕吐等疾病。对胃阴不足所致的胃部不适、时有烧心、恶心呕吐、胃脘灼痛等症状有一定疗效。

【膳食服法】餐时服用。

乌梅配豌豆 清热解暑，除烦通便

【食材介绍——豌豆】

豌豆属豆科植物豌豆的种子，又名麦豌豆、毕豆等。豌豆含有糖类、胆碱、蛋氨酸、粗纤维、维生素A原、维生素C、止杈酸、赤霉素和植物凝素、铜、铬等多种成分。中医认为，豌豆味甘，性平，归脾、胃经，具有补中益气、止泻利尿、调和营卫、消除痈肿、解毒、通乳的功效。现代医学研究表明，豌豆中富含粗纤维，能改善胃肠蠕动状态，促进排便，清洁肠道。豌豆中的植物凝素、止杈酸和赤霉素等物质，有抗菌消炎、增强代谢的作用。豌豆含有的维生素A原在体内转化为维生素A，可以滋润皮肤。豌豆中的胆碱、蛋氨酸可以防治动脉硬化。此外，豌豆所含植物血球凝集素有防治肿瘤的作用。一般人均可食用豌豆，尤其适宜于脱肛、慢性腹泻、子宫脱垂等中气不足患者、哺乳期女性等人群。尿路结石、糖尿病、消化不良、皮肤疾病和慢性胰腺炎患者不宜单独食用。

乌梅豌豆红枣汤

【食药材】乌梅5克，红枣3克，豌豆10克，白糖适量。

【膳食制法】

1. 将乌梅、红枣、豌豆洗净并放入砂锅中，加水适量。
2. 将砂锅置武火烧开，文火煎煮30分钟。
3. 加入白糖适量，即可食用。

【功效与主治】清热解暑，除烦通便。适用于中暑、便秘、绝经期综合症等疾病。对阴精亏虚、火热内盛所致的暑热烦渴、大便不畅、口干欲饮、皮肤干燥、咽干口干、眼目干涩等症状有一定疗效。

【膳食服法】代茶饮。

结 语

春季生机勃勃，万物复苏，大地上一派欣欣向荣之象。《黄帝内经》曰："春气通肝，阳性生发，故万物生发。养生之道，在于养肝，肝气内应，以使志生，养神志，欣欣向荣矣。"春季万物生发，内应于肝，此时，人体宜顺应春天向上向外的特点，长养机体的生气，故春季宜养肝。本册所述药食同源类中药及食材搭配即体现了此思想。此外，笔者依据多年经验，还总结出具有疏肝养肝之效的春季本草健身酒，其食药材包括白酒2升、菊花15克、枸杞子15克、香附15克、佛手15克、砂仁10克、广陈皮10克、桔梗5克、玫瑰花3克、密蒙花3克、木蝴蝶3克、胖大海3克、珍珠母10克、桑叶3克、生牡蛎10克。制作工艺是先将除菊花和枸杞子以外的所有中药洗净、晾干后，粉碎过筛，称重。然后将中草药粉混合均匀用纱布包严，和菊花、枸杞子一起投入白酒中密封浸泡，每日摇晃一次，15日后即可饮用。此春季本草健身酒，按照中医学关于人体五脏功能与天气相适应理论中肝主春的原则，配伍上述各原料，使其适应春分之升发，具有清肝明目、理气解郁、行气健胃、镇惊安神的功效。春季坚持适量饮用，可疏肝健脾，避免情志病及肝胆、脾胃相关疾病。

食材索引

【鸡胗】　　　见菊花配鸡胗 …………… 4
【冰糖】　　　见薄荷配冰糖 …………… 11
【猪大肠】　　见升麻配猪大肠 ………… 15
【牛肉】　　　见升麻配牛肉 …………… 17
【猪肚】　　　见升麻配猪肚 …………… 18
【羊肝】　　　见决明子配羊肝 ………… 22
【茄子】　　　见决明子配茄子 ………… 23
【韭菜】　　　见决明子配韭菜 ………… 25
【胡萝卜】　　见野菊花配胡萝卜 ……… 32
【猪脊骨】　　见木瓜配猪脊骨 ………… 39
【白芝麻】　　见小茴香配白芝麻 ……… 48
【芹菜】　　　见吴茱萸配芹菜 ………… 50
【鸭肉】　　　见陈皮配鸭肉 …………… 57
【羊尾骨】　　见陈皮配羊尾骨 ………… 58
【白萝卜】　　见陈皮配白萝卜 ………… 60
【羊心】　　　见玫瑰花配羊心 ………… 75
【豆芽】　　　见佛手配豆芽 …………… 86
【北虫草】　　见三七配北虫草 ………… 103
【鹿肉】　　　见三七配鹿肉 …………… 104
【白酒】　　　见川芎配白酒 …………… 107
【玉米面】　　见红花配玉米面 ………… 113
【茭白】　　　见罗布麻配茭白 ………… 128
【猪脑】　　　见天麻配猪脑 …………… 137
【三文鱼】　　见天麻配三文鱼 ………… 139

【胖头鱼头】 见天麻配胖头鱼头……………141

【木耳】 见白芍配木耳……………143

【鱿鱼】 见白芍配鱿鱼……………145

【西瓜翠衣】 见乌梅配西瓜翠衣……………155

【绿茶】 见乌梅配绿茶……………157

【豌豆】 见乌梅配豌豆……………159

膳食辅助性治疗索引

一、外感病证

1. **感冒**：邪犯肺卫、卫表不和的外感疾病，以鼻塞、流涕、喷嚏、咳嗽、恶寒、发热、全身不适、脉浮为主要特征。

　　菊花粳米粥 …………………………… 5
　　菊花板蓝根小白菜饮 ………………… 5
　　二花绿茶饮 …………………………… 7
　　菊楂决明莲藕茶 ……………………… 7
　　薄荷糖 ………………………………… 11
　　薄荷粳米粥 …………………………… 12
　　桑菊薄荷绿茶 ………………………… 12
　　银翘大青小白菜汤 …………………… 13
　　决明翠衣饮 …………………………… 23

2. **中暑**：中暑是在暑热季节、高温和（或）高湿环境下，由于体温调节中枢功能障碍、汗腺功能衰竭和水电解质丢失过多而引起的以中枢神经和(或)心血管功能障碍为主要表现的急性疾病。

　　决明翠衣饮 …………………………… 23
　　芦荟苹果汁 …………………………… 35
　　乌梅翠衣饮 …………………………… 155
　　乌梅粳米粥 …………………………… 156
　　乌梅豌豆红枣汤 ……………………… 159

二、肺病证

1. **肺痨（肺结核）**：具有传染性的慢性虚弱性疾患，以咳嗽、咳血、潮热、盗汗及身体逐渐消瘦为特征。现代医学主要指肺结核。

　　　　菊花银耳汤 …………………………………… 3

　　　　薄荷糖 ………………………………………… 11

　2. **咳嗽**：肺失宣降，肺气上逆作声，咳吐痰液。

　　　　菊花银耳汤 …………………………………… 3

　　　　薄荷糖 ………………………………………… 11

　　　　薄荷粳米粥 …………………………………… 12

　　　　桑菊薄荷绿茶 ………………………………… 12

　　　　银翘大青小白菜汤 …………………………… 13

　　　　决明翠衣饮 …………………………………… 23

　　　　决明子蜂蜜西芹饮 …………………………… 27

　　　　决明桃仁茶 …………………………………… 28

　　　　野菊花山楂茶 ………………………………… 31

　3. **喘证**：以呼吸困难甚至张口抬肩、鼻翼煽动、不能平卧为特征的病症。

　　　　桑菊薄荷绿茶 ………………………………… 12

　　　　野菊花山楂茶 ………………………………… 31

　　　　羊尾面条 ……………………………………… 59

　　　　茜草花生汤 …………………………………… 94

　4. **哮病**：发作性痰鸣气喘疾患。发作时喉中有哮鸣音，呼吸气促困难，甚至喘息不能平卧。

　　　　茜草花生汤 …………………………………… 94

　5. **肺痈**：肺叶生疮，形成脓疡的疾病。以咳嗽、胸痛、发热、咳吐腥臭浊痰甚则脓血相间为主要特征。现代医学主要指肺脓肿等。

　　　　桑菊薄荷绿茶 ………………………………… 12

三、心脑病证

　1. **眩晕**：眼前发花或发晕，感觉自身或外界景物旋转，轻者闭目即止，重者如坐车船，旋转不定，不能站立，或伴有恶心、呕吐、汗出或扑倒等症状。

　　　　菊花银耳汤 …………………………………… 3

　　　　菊花鸡脬 ……………………………………… 4

　　　　菊花粳米粥 …………………………………… 5

　　　　菊花板蓝根小白菜饮 ………………………… 5

　　　　菊花绿茶 ……………………………………… 6

二花绿茶饮	7
菊楂决明莲藕茶	7
菊花鸡片	8
五香肚卷	18
决明烧茄子	24
决明韭菜粥	26
决明子玫瑰西芹饮	26
本草保健调和油	28
野菊枸杞决明茶	31
参芪鸭条	58
川芎白芷炖鱼头	106
槐花豆腐	122
罗布麻白糖饮	127
决罗茭白	128
罗布麻鸡块	129
石决明钩藤蛋黄汤	131
石决明粳米粥	131
石决明猪脑羹	132
天麻猪脑羹	137
天麻鲤鱼	138
天麻三文鱼粥	140
砂锅天麻鱼头	141
核桃炖龟肉	148
龟甲乌鸡汤	149
白蒺藜酒	153

2. 中风：以突然昏扑、不省人事、半身不遂、口眼㖞斜、言语不利为主症的疾病，轻者无昏倒仅见言语不利及半身不遂症状。

决明桃仁茶	28
香橼丝瓜双面饼	73
川芎白芷炖鱼头	106
红花通络饼	113
石决明粳米粥	131
石决明钩藤蛋黄汤	131

　　　　石决明猪脑羹 ………………………… 132

　　　　天麻猪脑羹 ………………………… 137

　　　　天麻鲤鱼 …………………………… 138

　3. **头痛**：外感邪气或内伤致使头部脉络拘急或失养，清窍不利，以自觉头痛为主症的疾病。

　　　　菊花银耳汤 ………………………… 3

　　　　菊花鸡脍 …………………………… 4

　　　　菊花粳米粥 ………………………… 5

　　　　菊花板蓝根小白菜饮 ……………… 5

　　　　二花绿茶饮 ………………………… 7

　　　　菊楂决明莲藕茶 …………………… 7

　　　　薄荷粳米粥 ………………………… 12

　　　　升麻牛肉汤 ………………………… 17

　　　　决明子羊肝 ………………………… 22

　　　　决明烧茄子 ………………………… 24

　　　　决明子粳米粥 ……………………… 25

　　　　决明韭菜粥 ………………………… 26

　　　　决明子玫瑰西芹饮 ………………… 26

　　　　野菊枸杞决明茶 …………………… 31

　　　　吴茱萸爆炒西芹 …………………… 50

　　　　吴茱萸鲫鱼汤 ……………………… 51

　　　　参芪鸭条 …………………………… 58

　　　　川芎白芷炖鱼头 …………………… 106

　　　　川芎绿茶 …………………………… 108

　　　　天麻鲤鱼 …………………………… 138

　　　　砂锅天麻鱼头 ……………………… 141

　4. **痴呆**：多由七情内伤、久病年老等病因，导致髓减脑消、神机失用，是以呆傻愚笨为主要临床表现的一种神志疾病。

　　　　菊花鸡片 …………………………… 8

　　　　木瓜五加皮猪脊骨汤 ……………… 39

　　　　玫瑰花烤羊心 ……………………… 75

　　　　补气养血酒 ………………………… 107

　5. **痫病**：症见突然意识丧失，甚则昏扑、不省人事、双目上视、口吐涎

沫、强直抽搐，或口中怪叫、移时苏醒，醒后一如常人。

  芦荟猪骨青苹果汤 ………………………… 37

6. 心悸：心之气血阴阳亏虚，或痰饮瘀血阻滞，致心神失养或心神受扰，出现心中悸动不安不能自主的疾病。临床多呈发作性，每因情志波动或劳累过度而诱发，常伴胸闷、气短、失眠、健忘、眩晕等症。

  木瓜大枣花生汤 ………………………… 40
  参芪鸭条 ………………………… 58
  玫瑰花烤羊心 ………………………… 75
  三七炒猪心木耳 ………………………… 100
  三七炖公鸡 ………………………… 101
  冠心活络除痹酒 ………………………… 103
  补气养血酒 ………………………… 107
  泽兰炖黑鱼 ………………………… 119
  罗布麻鸡块 ………………………… 129

7. 胸痹心痛：胸部闷痛，甚则胸痛彻背、喘息不得卧，轻者仅感胸部隐痛、呼吸欠畅。

  三七炒猪心木耳 ………………………… 100
  三七炖公鸡 ………………………… 101
  冠心活络除痹酒 ………………………… 103
  川芎绿茶 ………………………… 108

8. 不寐：心神失养或心神不安所致，以经常不能获得正常睡眠为特征。

  参芪鸭条 ………………………… 58
  玫瑰花烤羊心 ………………………… 75
  补气养血酒 ………………………… 107
  石决明钩藤蛋黄汤 ………………………… 131
  石决明粳米粥 ………………………… 131
  石决明猪脑羹 ………………………… 132
  十全大补鱿鱼汤 ………………………… 145
  八宝羊排汤 ………………………… 146

四、脾胃肠病证

1. 便秘：由于大肠传导失司，导致大便秘结、排便周期延长，或周期不长但粪质干结、排出艰难，或粪质不硬，虽有便意，但排便不畅。

  菊楂决明莲藕茶 …………………… 7
  升麻芝麻炖大肠 …………………… 15
  决明子鸡肝 ………………………… 21
  决明子羊肝 ………………………… 22
  决明翠衣饮 ………………………… 23
  决明烧茄子 ………………………… 24
  决明子粳米粥 ……………………… 25
  决明韭菜粥 ………………………… 26
  决明子玫瑰西芹饮 ………………… 26
  决明子蜂蜜西芹饮 ………………… 27
  决明桃仁茶 ………………………… 28
  本草保健调和油 …………………… 28
  野菊枸杞决明茶 …………………… 31
  野菊花萝卜汤 ……………………… 32
  芦荟奶昔 …………………………… 35
  芦荟瑰蜜绿茶 ……………………… 36
  芦荟白菜卷 ………………………… 36
  芦荟猪骨青苹果汤 ………………… 37
  陈皮萝卜紫菜汤 …………………… 60
  枳实白萝卜汤 ……………………… 68
  枳实粳米粥 ………………………… 69
  凉拌佛手瓜 ………………………… 87
  佛手猪骨汤 ………………………… 88
  蒲黄茭白 …………………………… 97
  珍珠蜂蜜饮 ………………………… 134
  乌梅豌豆红枣汤 …………………… 159

2. 泄泻：以排便次数增多、粪质稀溏甚至泻出如水样为主症。

  升麻牛肉汤 ………………………… 17
  五香肚卷 …………………………… 18
  补中益气糕 ………………………… 19
  四逆羊肉汤 ………………………… 56
  陈皮鲫鱼羹 ………………………… 61

　　　　香附良姜鸡蛋饼 …………………… 80
　　　　香附猴头菇粥 ……………………… 82
　　　　骨碎补猪肾 ………………………… 124
　　　　固精饺子 …………………………… 152
　　　　乌梅粳米粥 ………………………… 156

3. 胃痛：上腹胃脘部近心窝处发生疼痛的病症。
　　　　菊花鸡胗 …………………………… 4
　　　　升麻牛肉汤 ………………………… 17
　　　　五香肚卷 …………………………… 18
　　　　补中益气糕 ………………………… 19
　　　　吴茱萸猪肉馄饨 …………………… 52
　　　　吴茱萸猪肉罐 ……………………… 52
　　　　羊尾面条 …………………………… 59
　　　　陈皮鲫鱼羹 ………………………… 61
　　　　青皮红花茶 ………………………… 64
　　　　青皮麦芽饮 ………………………… 64
　　　　青皮粳米粥 ………………………… 65
　　　　青皮黄酒 …………………………… 66
　　　　香橼砂仁糖 ………………………… 72
　　　　香橼粳米粥 ………………………… 72
　　　　玫瑰花绿茶 ………………………… 76
　　　　香附良姜鸡蛋饼 …………………… 80
　　　　香附陈皮炒猪肉 …………………… 81
　　　　香附猴头菇粥 ……………………… 82
　　　　香附顺肝汤 ………………………… 83
　　　　佛手生姜汤 ………………………… 86
　　　　佛手黄豆芽 ………………………… 87
　　　　姜黄虾仁炒饭 ……………………… 111
　　　　乌梅红枣杏仁饼 …………………… 158
　　　　乌甘红枣绿茶 ……………………… 158

4. 呕吐：胃失和降，气逆于上，迫使胃内容物从口吐出的病症。
　　　　升麻牛肉汤 ………………………… 17
　　　　木瓜粳米粥 ………………………… 41

169

木瓜椰奶冻 …………………………………… 42

吴茱萸爆炒西芹 ………………………………… 50

吴茱萸鲫鱼汤 …………………………………… 51

吴茱萸粳米粥 …………………………………… 53

陈皮蒸全鸡 ……………………………………… 55

陈皮肉丁 ………………………………………… 56

陈皮萝卜紫菜汤 ………………………………… 60

香附良姜鸡蛋饼 ………………………………… 80

香附陈皮炒猪肉 ………………………………… 81

香附猴头菇粥 …………………………………… 82

乌梅红枣杏仁饼 ………………………………… 158

乌甘红枣绿茶 …………………………………… 158

5. 痞满：由于中焦气机阻滞出现以脘腹满闷不舒为主症的病症。以自觉胀满、触之无形、按之柔软、压之无痛为临床特点。

升麻牛肉汤 ……………………………………… 17

五香肚卷 ………………………………………… 18

补中益气糕 ……………………………………… 19

陈皮蒸全鸡 ……………………………………… 55

陈皮肉丁 ………………………………………… 56

陈皮萝卜紫菜汤 ………………………………… 60

青皮粳米粥 ……………………………………… 65

枳实粳米粥 ……………………………………… 69

枳实砂仁牛肚汤 ………………………………… 69

枳实猪肉汤 ……………………………………… 70

香附良姜鸡蛋饼 ………………………………… 80

香附陈皮炒猪肉 ………………………………… 81

香附猴头菇粥 …………………………………… 82

香附顺肝汤 ……………………………………… 83

姜黄虾仁炒饭 …………………………………… 111

乌甘红枣绿茶 …………………………………… 158

6. 腹痛：以胃脘以下、耻骨毛际以上部位发生疼痛为主症的病症。

茴香粳米粥 ……………………………………… 46

茴香烤鸡 ………………………………………… 47

```
双白茴香面 …………………………  48
吴茱萸爆炒西芹 ……………………  50
吴茱萸鲫鱼汤 ………………………  51
吴茱萸猪肉馄饨 ……………………  52
吴茱萸猪肉罐 ………………………  52
吴茱萸粳米粥 ………………………  53
陈皮蒸全鸡 …………………………  55
陈皮肉丁 ……………………………  56
羊尾面条 ……………………………  59
陈皮萝卜紫菜汤 ……………………  60
陈皮鲫鱼羹 …………………………  61
青皮粳米粥 …………………………  65
枳实白萝卜汤 ………………………  68
```

7. 厌食：见食不贪，食欲不振，甚则拒食的一种常见的病证。

```
陈皮肉丁 ……………………………  56
陈皮萝卜紫菜汤 ……………………  60
青皮麦芽饮 …………………………  64
枳实粳米粥 …………………………  69
枳实砂仁牛肚汤 ……………………  69
枳实猪肉汤 …………………………  70
香橼砂仁糖 …………………………  72
```

8. 呃逆：胃气上逆动膈、喉间呃呃连声、声短而频、难以自制的病症。

```
陈皮肉丁 ……………………………  56
香橼粳米粥 …………………………  72
```

9. 胃下垂：凡能造成膈肌位置下降的因素，如膈肌活动力降低，腹腔压力降低，腹肌收缩力减弱，胃膈韧带、胃肝韧带、胃脾韧带、胃结肠韧带过于松弛等，均可导致下垂。

```
五香肚卷 ……………………………  18
补中益气糕 …………………………  19
```

五、肝胆病证

1. 耳鸣、耳聋：耳鸣是在无外界施加声刺激或电刺激时，人的耳内或颅内所产生的一种超过一定时程的声音感觉。

  本草保健调和油 ················· 28

  野菊花枸杞猪肝汤 ··············· 33

  核桃炖龟肉 ····················· 148

  龟甲乌鸡汤 ····················· 149

2. **黄疸**：外感邪毒或内伤所致湿邪困脾胃，壅塞肝胆，疏泄失常，胆汁泛溢，引起身黄目黄、小便黄为主症的病症。

  茜草绿茶 ······················· 95

3. **胁痛**：由于肝络失和所致一侧或双侧胁肋部疼痛为主要表现的病症。

  木瓜排骨汤 ····················· 40

  香附良姜鸡蛋饼 ················· 80

  香附陈皮炒猪肉 ················· 81

  香附猴头菇粥 ··················· 82

  香附顺肝汤 ····················· 83

  佛手生姜汤 ····················· 86

  佛手黄豆芽 ····················· 87

  三七炒猪心木耳 ················· 100

  三七蒸鸡 ······················· 101

  冠心活络除痹酒 ················· 103

4. **鼓胀**：肝病日久，气滞、血瘀、水停于腹中所致腹部胀大如鼓，以腹大胀满、崩急如鼓、皮色苍黄、脉络显露为特征。

  四逆羊肉汤 ····················· 56

六、肾、膀胱病证

1. **早泄**：性交时过早射精，甚至未交即泄的病症。

  五香烧猪排 ····················· 152

  固精饺子 ······················· 152

  核桃炖龟肉 ····················· 148

2. **遗精**：指不因性生活而精液遗泄的病症。

  升麻羊肉煲 ····················· 16

  五香烧猪排 ····················· 152

  固精饺子 ······················· 152

3 淋证：以小便频数短涩、淋漓涩痛、小腹拘急隐痛为主症的病症。

　　　　固精饺子 …………………………… 152

4. 遗尿：指在熟睡时不自主地排尿。

　　　　升麻羊肉煲 …………………………… 16

5. 阳痿：成年男子性交时，由于阴茎痿软不举或举而不坚，无法进行正常性生活的病症。

　　　　升麻羊肉煲 …………………………… 16

　　　　木瓜五加皮猪脊骨汤 ………………… 39

　　　　四逆羊肉汤 …………………………… 56

　　　　羊尾面条 ……………………………… 59

　　　　鹿肉三宝汤 …………………………… 104

　　　　核桃炖龟肉 …………………………… 148

6. 水肿：多种原因导致体内水液潴留、泛滥肌肤，引起眼睑、头面、四肢、腹背甚至全身浮肿的病症。

　　　　木瓜大枣花生汤 ……………………… 40

　　　　木瓜粳米粥 …………………………… 41

　　　　木瓜椰奶冻 …………………………… 42

　　　　四逆羊肉汤 …………………………… 56

　　　　陈皮鲫鱼羹 …………………………… 61

　　　　青皮黄酒 ……………………………… 66

　　　　泽兰炖黑鱼 …………………………… 119

　　　　罗布麻白糖饮 ………………………… 127

7. 癃闭：以小便量少、点滴而出甚则闭塞不通为主症的一种疾患。

　　　　青皮黄酒 ……………………………… 66

七、气血津液病证

1. 肥胖：由于过食、缺乏体力活动等原因导致体内膏脂过多，体重超过一定范围，或伴有头晕乏力、神疲懒言等症状。

　　　　菊花鸡脬 ……………………………… 4

　　　　野菊花山楂茶 ………………………… 31

　　　　芦荟白菜卷 …………………………… 36

　　　　修身咖啡 ……………………………… 62

2. **血证**：各种原因引起的血液不循常道的病症。

  木瓜大枣花生汤 …………………………… 40
  大蓟白糖粉 ………………………………… 91
  三七蛋汤 …………………………………… 100
  槐花粳米粥 ………………………………… 121
  槐花绿豆芽馅饼 …………………………… 121
  槐花豆腐 …………………………………… 122

3. **内伤发热**：以内伤为病因，以脏腑功能失调、气血阴阳失调为基本病机，以发热为主要表现。

  升麻羊肉煲 ………………………………… 16
  升麻牛肉汤 ………………………………… 17
  补中益气糕 ………………………………… 19

4. **虚劳**：又称虚损，是以脏腑亏损、气血阴阳虚衰、久虚不复成劳为病机，以五脏虚损为主要临床表现的病症。

  菊花鸡片 …………………………………… 8
  升麻芝麻炖大肠 …………………………… 15
  升麻羊肉煲 ………………………………… 16
  木瓜大枣花生汤 …………………………… 40
  茴香烤鸡 …………………………………… 47
  双白茴香面 ………………………………… 48
  吴茱萸猪肉馄饨 …………………………… 52
  陈皮蒸全鸡 ………………………………… 55
  参芪鸭条 …………………………………… 58
  羊尾面条 …………………………………… 59
  陈皮萝卜紫菜汤 …………………………… 60
  陈皮鲫鱼羹 ………………………………… 61
  佛手猪骨汤 ………………………………… 88
  干煸佛手土豆丝 …………………………… 89
  茜草花生汤 ………………………………… 94
  三七蒸母鸡 ………………………………… 102
  鹿肉三宝汤 ………………………………… 104
  姜黄炒牛肉 ………………………………… 110
  骨碎补猪肾 ………………………………… 124

罗布麻鸡块	129
珍珠养生茶	135
补血乌骨鸡	143
补血木耳汤	144
十全大补鱿鱼汤	145
八宝羊排汤	146
白蒺藜酒	153

5. 痰饮：痰饮亦有狭义和广义之分。狭义之痰饮，系指由呼吸道所咳出的分泌物。而广义之痰饮，则除上述咳吐而出之痰液外，还应包括留滞于体内因水湿凝聚而成之痰饮水邪及无形之痰饮病证在内。

| 野菊花山楂茶 | 31 |

6. 消渴：由于先天禀赋不足、饮食失节、情志失调、劳倦内伤等导致阴虚内热，以多饮、多食、多尿、消瘦为主要表现。

| 泽兰炖黑鱼 | 119 |
| 乌梅翠衣饮 | 155 |

7. 汗证：阴阳失调、腠理不固所致汗液外泄失常的病症。

茜草花生汤	94
姜黄炒牛肉	110
十全大补鱿鱼汤	145
核桃炖龟肉	148
龟甲肉丝汤	150
龟甲乌鸡汤	149

8. 贫血：指人体外周血红细胞容量减少，低于正常范围下限的一种常见的临床症状。

补血乌骨鸡	143
补血木耳汤	144
八宝羊排汤	146

9. 郁证：由于原本肝旺或体质素弱，复加情志所伤引起气机失常，以心情抑郁、情绪不宁、胸部满闷、胁肋胀痛或易怒善哭、咽中如有异物梗塞等为主要表现。

决明子玫瑰西芹饮	26
芦荟白菜卷	36
芦荟猪骨青苹果汤	37

青皮粳米粥 …………………………………… 65
玫瑰花烤羊心 ………………………………… 75
玫瑰茶叶蛋 …………………………………… 76
香附猪皮汤 …………………………………… 81
香附猴头菇粥 ………………………………… 82
凉拌佛手瓜 …………………………………… 87
佛手猪骨汤 …………………………………… 88
干煸佛手土豆丝 ……………………………… 89
石决明钩藤蛋黄汤 …………………………… 131

10. **厥证**：由于阴阳失调、气机逆乱引起，以突然昏倒、不省人事、四肢逆冷为主要表现。轻者短时苏醒，醒后无偏瘫、失语、口眼歪斜等后遗症；重者昏厥时间长，甚则一厥不醒而死亡。

四逆羊肉汤 …………………………………… 56

八、经络肢体病证

1. **痹证**：感受风寒湿邪，痹阻脉络，气血运行不畅，引起肢体关节疼痛、肿胀、酸楚、麻木以及活动不利等主要病症。

木瓜五加皮猪脊骨汤 ………………………… 39
木瓜排骨汤 …………………………………… 40
木瓜粳米粥 …………………………………… 41
木瓜椰奶冻 …………………………………… 42
桑枝煮鸡 ……………………………………… 44
四逆羊肉汤 …………………………………… 56
青皮红花茶 …………………………………… 64
青皮黄酒 ……………………………………… 66
香橼丝瓜双面饼 ……………………………… 73
茜草猪蹄汤 …………………………………… 93
茜草酒 ………………………………………… 94
川芎白芷炖鱼头 ……………………………… 106
补气养血酒 …………………………………… 107
姜黄炒牛肉 …………………………………… 110

　　姜黄虾仁炒饭 …………………………… 111
　　红花通络饼 ……………………………… 113
　　红花三味酒 ……………………………… 114
　　红花酒 …………………………………… 115
　　红花白菜炖牛肉 ………………………… 116
　　泽兰炖黑鱼 ……………………………… 119
　　骨碎补猪肾 ……………………………… 124
　　骨碎补猪骨汤 …………………………… 125

2. 腰痛：因外感、内伤或外伤导致腰部气血运行不畅，或失于濡养引起腰脊及腰脊两旁疼痛。

　　升麻羊肉煲 ……………………………… 16
　　木瓜五加皮猪脊骨汤 …………………… 39
　　木瓜排骨汤 ……………………………… 40
　　木瓜大枣花生汤 ………………………… 40
　　桑枝煮鸡 ………………………………… 44
　　四逆羊肉汤 ……………………………… 56
　　茜草猪蹄汤 ……………………………… 93
　　茜草酒 …………………………………… 94
　　鹿肉三宝汤 ……………………………… 104
　　补气养血酒 ……………………………… 107
　　骨碎补猪骨汤 …………………………… 125
　　天麻三文鱼粥 …………………………… 140
　　核桃炖龟肉 ……………………………… 148
　　龟甲乌鸡汤 ……………………………… 149
　　龟甲肉丝汤 ……………………………… 150

3. 痿病：肢体筋脉弛缓无力，不能随意运动，或伴有肌肉萎缩的病症。

　　木瓜五加皮猪脊骨汤 …………………… 39
　　木瓜排骨汤 ……………………………… 40
　　罗布麻白糖饮 …………………………… 127

4. 颤证：以头部或肢体摇动、颤抖为主要临床表现的病症。轻者仅头摇或手足颤抖；重者颤动幅度增大，甚则四肢拘急，生活不能自理。

　　木瓜粳米粥 ……………………………… 41

九、外科疾病

1. **疮疡**：由毒邪内侵、邪热灼血，以致气血凝滞而成的体表化脓感染性疾病。

    菊花白酒 ·················· 9
    野菊花山楂茶 ·················· 31
    芦荟瑰蜜绿茶 ·················· 36

2. **脱肛**：指直肠脱垂，是直肠粘膜或直肠脱出肛外的一种病症。

    升麻芝麻炖大肠 ·················· 15
    升麻牛肉汤 ·················· 17
    五香肚卷 ·················· 18
    补中益气糕 ·················· 19

3. **痤疮**：痤疮俗称青春痘，是一种毛囊皮脂腺的感染性炎症。

    芦荟瑰蜜绿茶 ·················· 36
    青皮五色汤 ·················· 65

4. **扭伤**：指四肢关节或躯体部位的软组织（如肌肉、肌腱、韧带等）损伤，而无骨折、脱臼、皮肉破损等。

    茜草猪蹄汤 ·················· 93
    茜草酒 ·················· 94
    三七炒猪心木耳 ·················· 100
    三七蒸鸡 ·················· 101
    泽兰粳米粥 ·················· 118
    泽兰红枣绿茶 ·················· 118

5. **肛裂**：是消化道出口从齿状线到肛缘这段最窄的肛管组织表面裂开，形成小溃疡，引起剧痛的病症。

    槐花粳米粥 ·················· 121
    槐花绿豆芽馅饼 ·················· 121
    槐花豆腐 ·················· 122

6. **痔疮**：痔是直肠下端的肛垫出现了病理性肥大。

    大蓟白糖粉 ·················· 91
    槐花粳米粥 ·················· 121
    槐花绿豆芽馅饼 ·················· 121

　　　　槐花豆腐 …………………………………… 122

7. **雀斑**：发生在面部皮肤上的黄褐色点状色素沉着斑。

　　　　芦荟奶昔 …………………………………… 35
　　　　芦荟瑰蜜绿茶 ……………………………… 36
　　　　芦荟白菜卷 ………………………………… 36
　　　　芦荟猪骨青苹果汤 ………………………… 37
　　　　青皮五色汤 ………………………………… 65
　　　　玫瑰茶叶蛋 ………………………………… 76
　　　　玫瑰花酱 …………………………………… 77
　　　　玫瑰花炖燕窝 ……………………………… 78
　　　　香附猪皮汤 ………………………………… 81
　　　　香附顺肝汤 ………………………………… 83
　　　　三七蒸母鸡 ………………………………… 102
　　　　珍珠蜂蜜饮 ………………………………… 134
　　　　珍珠菱角羹 ………………………………… 134
　　　　珍珠养生茶 ………………………………… 135

8. **乳岩**：乳岩现代医学称为乳腺癌，是女性常见肿瘤之一。

　　　　解郁烤肉 …………………………………… 84

9. **乳癖**：乳房有形状和大小不一的肿块、疼痛，是与月经周期相关的乳腺组织的良性增生性疾病。

　　　　青皮粳米粥 ………………………………… 65
　　　　解郁烤肉 …………………………………… 84

10. **颈椎病**：以退行性病理改变为基础的颈部疾患，常伴随颈背疼痛、上肢无力、手指发麻等。

　　　　姜黄猪肉汤 ………………………………… 110

11. **口疮**：发生于口腔黏膜的溃疡性损伤病症，发作时疼痛剧烈，局部灼痛明显。

　　　　蒲黄茭白 …………………………………… 97

十、妇科疾病

1. **产后腹痛**：孕妇分娩后，由于子宫的缩复作用，小腹呈阵阵作痛。

　　　　姜黄猪肉汤 ………………………………… 110

　　　　红花白菜炖牛肉 …………………………… 116
　　　　泽兰粳米粥 ………………………………… 118
　　　　泽兰红枣绿茶 ……………………………… 118

　2. **月经不调**：表现为月经周期或出血量的异常，可伴月经前、经期时的腹痛及全身症状。

　　　　川芎绿茶 …………………………………… 108
　　　　姜黄猪肉汤 ………………………………… 110
　　　　红花三味酒 ………………………………… 114
　　　　红花酒 ……………………………………… 115
　　　　补血乌骨鸡 ………………………………… 143
　　　　八宝羊排汤 ………………………………… 146

　3. **闭经**：指正常月经周期建立后，月经停止6个月以上，或按自身原有月经周期停止3个周期以上。

　　　　泽兰粳米粥 ………………………………… 118
　　　　泽兰红枣绿茶 ……………………………… 118
　　　　补血乌骨鸡 ………………………………… 143
　　　　补血木耳汤 ………………………………… 144

　4. **围绝经期综合征**：指妇女绝经前后出现性激素波动或减少所致的一系列以自主神经系统功能紊乱为主、伴有神经心理症状的一组症候群。最典型的症状是潮热、潮红。

　　　　蒲黄白菜饮 ………………………………… 98
　　　　珍珠菱角羹 ………………………………… 134
　　　　龟甲肉丝汤 ………………………………… 150
　　　　乌梅豌豆红枣汤 …………………………… 159

　5. **带下病**：带下的量、色、质、味发生异常，或伴全身、局部症状者，称为"带下病"。

　　　　升麻羊肉煲 ………………………………… 16
　　　　固精饺子 …………………………………… 152

　6. **痛经**：指行经前后或月经期出现下腹部疼痛、坠胀，伴有腰酸或其他不适，症状严重影响生活质量者。

　　　　吴茱萸鲫鱼汤 ……………………………… 51
　　　　吴茱萸粳米粥 ……………………………… 53
　　　　玫瑰花绿茶 ………………………………… 76

　　　红花三味酒 ………………………… 114
　　　红花白菜炖牛肉 ……………………… 116
　　　红花酒 …………………………… 115

7. 恶露不净：产后随子宫蜕膜脱落，含有血液、坏死蜕膜等组织经阴道排出，称为恶露。

　　　蒲黄白菜饮 ………………………… 98
　　　三七蒸鸡 ………………………… 101

8. 崩漏：是月经的周期、经期、经量发生严重失常的病证。其发病急骤，暴下如注，大量出血者为"崩"；病势缓，出血量少，淋漓不绝者为"漏"。

　　　大蓟白糖粉 ………………………… 91

9. 经行头痛：妇女每逢月经期或行经前后，即出现明显的正、偏头痛，称为"月经性头痛"，为妇女经期最常见疾患之一，严重者往往疼痛难忍。由于此症每随月经周期而发作，故常影响患者身体及生活。

　　　玫瑰花酱 …………………………… 77
　　　玫瑰花炖燕窝 ……………………… 78
　　　香附猪皮汤 ………………………… 81

10. 子宫脱垂：妇女子宫下脱，甚则脱出阴户之外，或者阴道壁膨出。

　　　五香肚卷 …………………………… 18
　　　补中益气糕 ………………………… 19

十一、眼科疾病

1. 白内障：单或双侧性的视力进行性减退，伴随晶体混浊、眩光感等表现，多见于老年人。

　　　决明子鸡肝 ………………………… 21
　　　决明子羊肝 ………………………… 22
　　　野菊花枸杞猪肝汤 ………………… 33
　　　五香烧猪排 ………………………… 152
　　　白蒺藜酒 …………………………… 153
　　　乌梅粳米粥 ………………………… 156

2. 夜盲：指夜间或黑暗处不能视物或视物不清、对弱光敏感度下降、暗适应时间延长的重症表现。

　　　　决明子鸡肝 …………………………… 21
　　　　决明子羊肝 …………………………… 22
　　　　决明子粳米粥 ………………………… 25
　　　　明目木质茶罐泡绿茶 ………………… 29
　　　　野菊花萝卜汤 ………………………… 32
　　　　野菊花枸杞猪肝汤 …………………… 33
　3. 近视：目不能远视，又名能近怯远症。
　　　　明目木质茶罐泡绿茶 ………………… 29